# 이토록 시적인 과학,

# 당신을 위한 최소한의 우주

# 이토록 시적인 과학,

## 당신을 위한 최소한의 우주

우주플리즈 지음

우주를 이해하는 순간,

삶은 비로소 가벼워진다

**모티브**

## 3 태양계의 이웃들: 우리가 사는 집의 진짜 모습

# 4 | 태양계 너머: 은하 속으로

# 5 우주의 처음과 끝

# 우리는 왜 밤하늘을
# 올려다보게 될까?

살면서 한 번쯤은 문득 발걸음을 멈추고 밤하늘을 올려다본 기억이 있을 것이다. 별이 쏟아질 듯 유난히 반짝이던 날이었을 수도 있고, 잿빛 하늘 사이로 희미한 별 하나가 겨우 숨을 쉬던 날이었을 수도 있다. 그 순간, 우리는 저 별의 학술적인 이름이 무엇인지, 지구로부터 몇 광년이나 떨어져 있는지 알지 못했다. 하지만 우리 내면에서 피어오른 질문은 지식보다 훨씬 본질적이고 투명한 것이었다.

'저 까마득한 위에는 무엇이 있을까?' '이토록 넓은 어둠은 도대체 어디까지 이어지는 걸까?'

우주에 대한 관심은 대개 이렇게 시작된다. 교과서의 딱딱한 공식이나 시험을 위한 암기가 아니라, 설명할 수 없는 이끌림과 순수한 호기심이 우리를 고개 들게 만드는 것이다. 하지만 어른이 되어갈수록 우리는 그 순수한 질문을 잊고 산다. 당장 해결해야 할 현실의 무게, 반복되는 일상, 그리고 도시의 화려한 네온사인이 밤하늘을 가리기 때문이다. 땅만 보고 걷기에도 벅

찬 세상에서 하늘을 올려다보는 일은 사치스러운 낭만처럼 느껴지기도 한다.

그럼에도 불구하고 참으로 이상한 일이다. 아주 가끔, 우연히 마주친 밤하늘 앞에서 그 잊혀졌던 질문은 불현듯 다시 살아난다. 나이가 들고 삶의 군은살이 배긴 뒤에도, 광활한 우주 앞에 서면 우리는 다시금 경이로움을 느끼는 어린아이가 된다. 우리가 우주 이야기를 시작하려는 이유도 바로 그 순간의 떨림을 다시 붙잡기 위해서다.

# 우주를 이해하는 데
# 전공은 필요 없다

"수학이나 과학을 잘해야 알 수 있는 거 아냐?"

"천문학 전공자들이나 이해하는 이야기지."

우주에 관한 이야기를 꺼내면 사람들은 흔히 이렇게 뒷걸음질 친다. 상대성이론, 암흑물질, 사건의 지평선 같은 낯선 용어들이 거대한 장벽처럼 느껴지기 때문이다. 수식이 등장하는 순간, 우주는 나와 상관없는 차가운 '학문의 세계'로 밀려난다.

하지만 곰곰이 생각해보자. 숲의 아름다움을 느끼기 위해 식물학 학위가 필요한 것은 아니다. 바다의 웅장함을 즐기기 위해 해양학을 전공할 필요도 없다. 우주 역시 마찬가지다. 우주는 특정 전문가들만을 위해 존재하는 폐쇄적인 공간이 아니다. 누구의 허락도 자격도 묻지 않고, 그저 우리 머리 위에 공평하게 펼쳐져 있을 뿐이다.

우주를 이해하는 데 정말 필요한 것은 복잡한 미적분 공식이 아니다. 나라는 존재가 얼마나 작은지 가늠해보는 겸손한 상상력, 저 별까지의 아득한 거리를 느껴보려는 감각, 그리고 "잘 모르지만 알고 싶다"는 솔직한 마음 하나면 충분하다.

나 역시 평생 천문학을 연구한 학자가 아니다. 그저 우주가 사무치게 궁금했던 한 사람일 뿐이다. 그 궁금증을 풀기 위해 수많은 자료를 뒤적이고, 밤새 고민하고, 그것을 나의 언어로 번역해 주변 사람들에게 들려주는 일을 즐겨왔다. 그러니 부담 가질 필요 없다. 우리는 공부를 하러 가는 것이 아니다. 그저 잊고 살았던 거대한 세계를 다시 한번 제대로 바라보러 가는 것이다.

# 가까운 곳에서
# 먼 곳으로

우주는 너무나 크다. 그 압도적인 규모 때문에 처음부터 모든 것을 한 번에 이해하려 들면, 오히려 아무것도 남지 않는 허무함을 느끼기 쉽다. 그래서 우리는 가장 가까운 곳, 우리의 발이 닿아 있는 이곳에서부터 여행을 시작하려 한다.

우리가 숨 쉬고 있는 지구, 매일 밤 변함없이 떠오르지만 자세히 본 적 없는 달, 우리의 따뜻한 보금자리인 태양계, 그리고 그 울타리 너머의 은하와 끝을 알 수 없는 심우주까지. 시선을 점차 넓혀가는 방식이다.

가장 먼저 우리는 태양을 '축구공 크기'로 줄여 우주의 크기를 재설정하는 상상을 하게 될 것이다. 거대한 태양이 축구공만 해진다면, 지구는 과연 콩알보다 작아질까? 행성들 사이의 거리는 얼마나 멀어질까? 그리고 그 사이에는 얼마나 거대한 빈 공간이 침묵하고 있을까?

우리는 140만 킬로미터라는 숫자 대신, 축구공과 참깨 한 알이라는 '감각'으로 우주를 다시 바라볼 것이다. 이 독특한 상상은 앞으로의 여정을 관통하는 중요한 나침반이 된다. 이야기를 따라가면서 "아, 이 행성이 축구공 옆에 놓인 모래알 정도였지"라는 감각 하나만 확실히 잡혀도, 우주는 더 이상 막연하고 추상적인 세계가 아니다. 손에 잡힐 듯 생생한 공간으로 다시 태어날 것이다.

가까운 곳에서 먼 곳으로, 작은 것에서 큰 것으로 나아가는 이 여정은 자연스럽게 이어진다. 초반에 다진 크기와 거리 감각이 뒤이어 나오는 거대 행성과 은하의 이야기를 이해하는 단단한 디딤돌이 되어주기 때문이다. 처음 느꼈던 그 감각을 놓치지 않고 따라온다면, 평면적인 밤하늘이 점차 입체적인 공간으로 확장되는 경험을 하게 될 것이다.

우리의 목적은 시험을 준비하듯 지식을 머릿속에 구겨 넣는 것이 아니다. 우주를 바라보는 시야의 창문을 넓히는 것이다. 마지막 장을 덮은 뒤 다시 밤하늘을 올려다보았을 때, 우리가 평소 무심코 지나치던 그 하늘이 이전보다 조금 더 깊고, 조금 더 애틋하게 느껴진다면 우리의 여행은 그것으로 충분하다.

우주는 여전히 아득히 멀리 있다. 하지만 우주를 이해하고 느끼는 길은 생각보다 가까운 곳에 있다. 자, 이제 가장 가까운 곳에서부터 천천히, 그 경이로운 우주여행을 시작해보자.

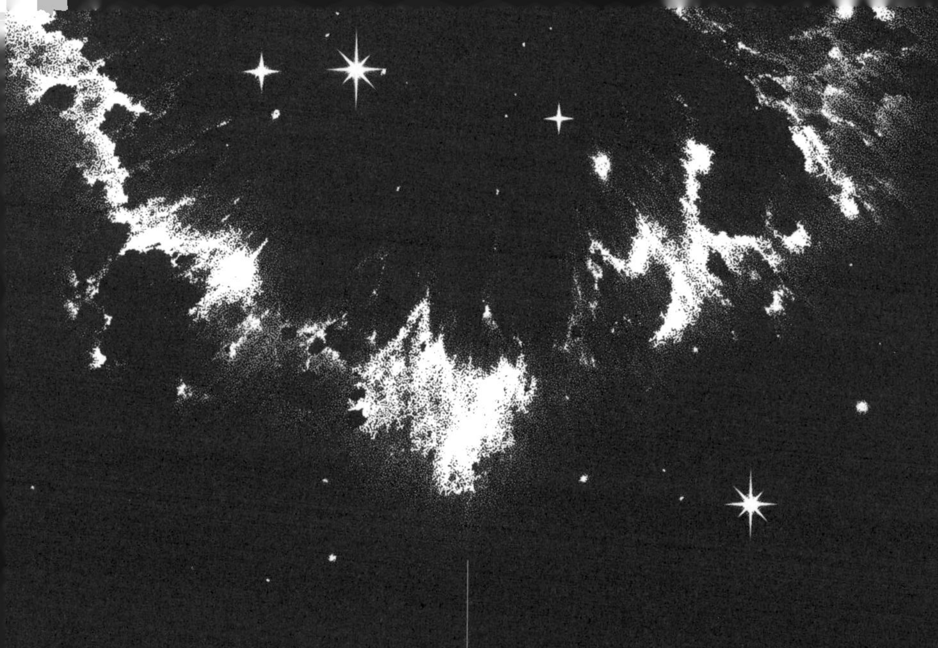

축구공 태양에서
시작하는
우주의 크기

1

# 축구공만한
# 태양

•

숫자로 된 우주는 너무 크고 막막하다. 태양의 지름이 140만 km, 지구에서 태양까지의 거리가 1억 5,000만km라고 아무리 설명해도, 우리는 그저 고개만 끄덕일 뿐 그 압도적인 크기를 피부로 체감하지 못한다. 영(0)이 끝도 없이 붙는 아득한 숫자들 앞에서 인간의 상상력은 쉽게 백기를 든다. 그래서 우주 이야기는 늘 어렵고, 당장 내일의 출근과 상관없는 남의 이야기처럼 느껴지기 일쑤다.

하지만 만약 우주의 크기를 차가운 숫자가 아니라, 우리가 매일 걷는 길과 감각으로 다시 번역해 볼 수 있다면 어떨까? 만약 저 거대한 태양을 축구공 하나의 크기로 줄여 우리 눈앞에 가져다 놓을 수 있다면? 그리고 그 줄어든 잣대를 기준으로 지구와 행성들, 저 멀리 흩어진 별과 은하까지 직접 두 발로 걸어가 볼 수 있다면?

　이번 첫 장은 그 발칙하고도 낭만적인 상상에서 출발한다. 우리는 지금부터 복잡한 계산기 대신 우리의 걸음을 사용할 것이고, 외워야 할 공식 대신 공간의 감각을 사용할 것이다. 우주를 교과서 속에 박제된 지식이 아니라, 우리가 직접 거닐며 고독을 느낄 수 있는 거대한 산책로로 바꿔보려 한다.

　자, 지금부터 태양을 축구공 크기로 줄여 서울 광화문 광장 한가운데에 놓아보자. 그리고 우리가 살고 있는 이 푸른 지구가 그 주변 어디쯤에 놓이는지, 태양계의 가족들은 얼마나 멀리 흩어져 있는지 직접 따라가 보자.

## 광화문 한가운데 놓인 축구공 하나

상상해 보자. 빌딩 숲 사이로 자동차들이 바쁘게 오가는 서울 광화문 광장 한가운데에, 축구공 하나가 덩그러니 놓여 있다. 그 축구공이 바로 태양이다. 실제 태양은 지름이 140만 km에 달해 지구를 100개 넘게 늘어서게 할 수 있는 거대한 불타는

구체지만, 그 압도적인 별을 지름 약 22cm짜리 축구공으로 무자비하게 줄여놓았다. 이제 이렇게 축소된 세계에서, 우리가 아는 모든 세상인 지구는 과연 얼마나 작아질까?

정답은 약 2mm. 딱 참깨 한 알 크기다. 손끝으로 겨우 집을 수 있는, 바닥에 떨어지면 찾기조차 힘든 아주 작은 씨앗. 우리는 이 작고 연약한 참깨 한 알 위에서 태어나고 죽는다. 이 2mm의 점 안에 드넓은 태평양과 험준한 히말라야가 있고, 화려한 뉴욕의 마천루와 우리가 걷는 출퇴근길이 있다. 지난 수천 년간 인류가 피 흘리며 다투었던 모든 전쟁과 혁명, 당신이 사

**지구**
출처: NASA Earth Observatory
(MODIS/Terra, 2002)

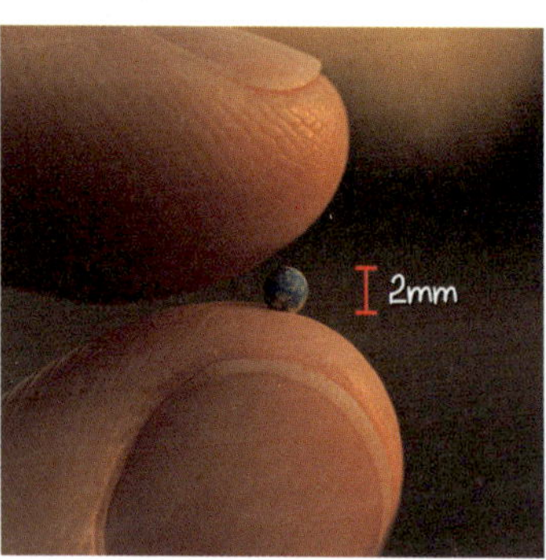

랑하고 미워했던 모든 사람들이 저 좁디좁은 참깨 한 알 위에서 아웅다웅하며 살아가고 있는 것이다.

## 태양과 지구, 생각보다 너무 먼 거리

크기를 알았으니 이제 거리를 가늠해 볼 차례다. 태양이 축구공이라면, 지구는 그 온기를 받기 위해 축구공 바로 곁에 바짝 붙어서 돌고 있을 것 같지 않은가?

축구공 표면에서 불과 몇 센티미터 떨어진 곳에 참깨 한 알이 있는 아늑한 모습을 상상할지도 모른다. 하지만 우주의 현실은 우리의 다정한 직관을 철저히 배반한다.

이 축소된 스케일에서 태양과 지구의 거리는 무려 23m다. 성인 보폭으로 뚜벅뚜벅 30걸음이나 걸어가야 겨우 닿는 거리다. 광화문 한가운데에 축구공을 내려놓고 한참을 걸어간 뒤, 광장 구석의 차가운 바닥에 참깨 한 알을 조심스레 내려놓아야 비로소 지구가 제자리를 찾는다.

그 23m의 사이에는 무엇이 있을까? 아무것도 없다. 공기도, 소리도, 온기도 없다. 정말로 먼지 한 톨조차 찾아보기 힘든 완벽한 허공이다. 우주 공간이란 별들이 빽빽하게 찬 화려한 곳이 아니라, 이토록 지독할 만큼 텅 빈 공백이 끝없이 이어지는 적막한 세계다.

## 태양계는 가까운 이웃들의 집합일까?

이제 태양계의 다른 행성들을 하나씩 찾아가 보자. 태양계 안쪽 동네이니 서로 꽤 가까이 모여서 온기를 나누고 있을 것 같다는 막연한 기대가 들지도 모른다.

먼저 태양에서 가장 가까운 행성, 수성이다.

수성은 태양의 가장 가까운 이웃이다. 태양 중력에 너무 가까이 묶여 있어 낮과 밤이 각각 3달인, 기묘한 시간의 세계다. 대기가 없어 하늘은 대낮에도 칠흑처럼 어둡고, 그 검은 하늘 위로 태양은 지구에서 보는 것보다 3배나 거대하게 이글거린다. 표면은 수십억 년 동안 쏟아진 운석들의 폭격으로 곰보 자국이 가득한데, 마치 늙은 사과처럼 쭈글쭈글하게 식어가는 중이다. 낮에는 납을 녹일 만큼 뜨겁지만, 밤이 되면 모든 것을 얼려버리는 극단의 세상. 그곳에는 바람도, 소리도, 침식도 없다. 오직 태양의 포

**수성**
출처: NASA/JHUAPL/Carnegie Institution (MESSENGER)

효와 영원한 침묵만이 공존할 뿐이다.

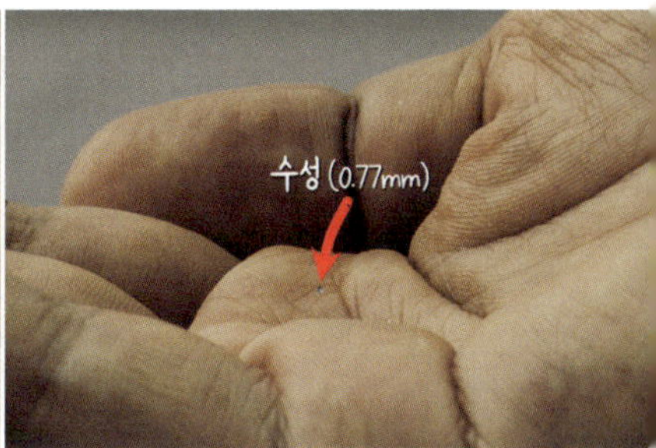


이런 수성의 지름은 약 0.77mm. 손가락 끝에 살짝 얹으면 입김 한 번에도 날아가 버릴 것 같은 해수욕장의 아주 고운 모래알 크기다. 그럼 수성은 태양 바로 옆에 찰싹 붙어 있을까?

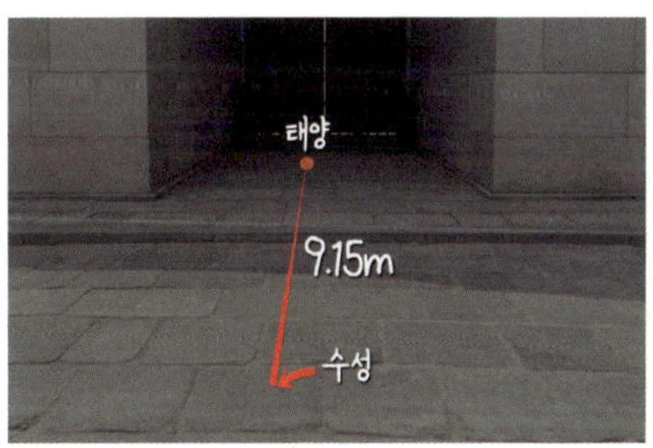


아니다. 수성의 궤도조차 태양으로부터 약 9.15m나 떨어져 있다. 성인 보폭으로 13걸음 정도다. '가장 가까운 행성'이라는 타이틀을 가진 녀석조차 이미 이만큼 멀리, 외롭게 떨어져서 불타고 있는 것이다.

다음은 두 번째 행성, 금성이다.

로마 신화 속 미의 여신 '비너스'의 이름을 가졌지만, 그 아름다운 이름은 치명적인 거짓말이다. 지구의 밤하늘에서는 가장 우아하고 밝게 빛나는 보석 같지만, 그 구름 아래는 태양계 최악의 불지옥이 펼쳐져 있다. 지구 대기압의 90배에 달하는 엄청난 압력은 잠수함도 찌그러뜨릴 정도이며, 두꺼운 이산화탄소 이불은 한번 들어온 열기를 절대 놓아주지 않는다. 그로 인해 납이 녹아 흐르는 460도의 열기가 행성 전체를 감싸고 있다.

심지어 하늘에서는 물 대신 황산이 비처럼 쏟아진다. 아름다운 겉모습 속에 파괴적인 본성을 숨긴, '가면을 쓴 행성'이다.

**금성**
출처: NASA/JPL-Caltech
(Mariner 10)

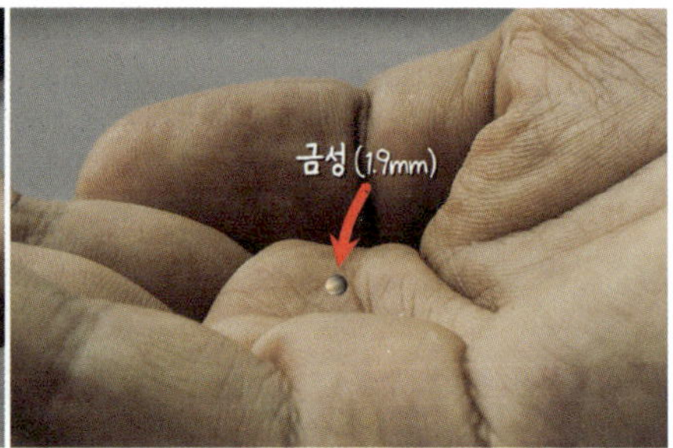

이런 금성의 지름은 약 1.9mm. 우리의 지구와 거의 쌍둥이처럼 비슷한 참깨 한 알 정도의 크기이며, 태양으로부터 금성 궤도까지의 거리는 약 17m다.

그리고 마침내 우리가 서 있는 푸른 별, 지구다.

지름 2mm, 앞에서 말한 것처럼 조그마한 참깨 한 알 크기다.

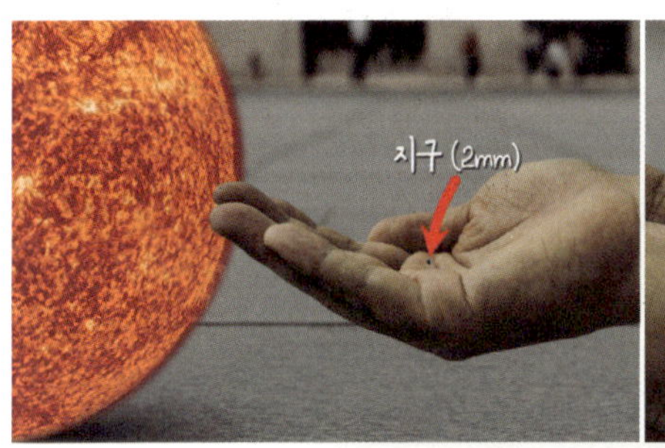


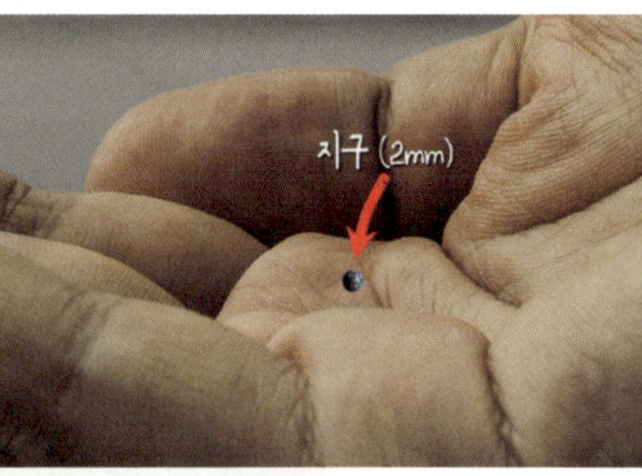


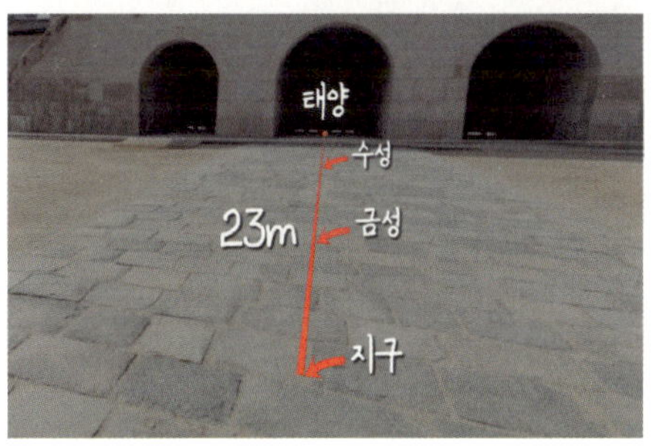


태양으로부터의 거리는 앞서 말했듯 23m.

금성처럼 타오르지도, 화성처럼 얼어붙지도 않은 기적의 거리, '골디락스 존'에 위치해 있다. 우주에서 보면 얇디얇은 대기층이 사과 껍질처럼 표면을 감싸고 있는데, 그 얇은 막 하나가 치명적인 우주 방사선을 막아주고 있다.

이 절묘한 위치에 놓인 작은 참깨 안에 모든 역사와 문명, 전쟁과 사랑, 기쁨과 슬픔이 들어 있다.

이 아슬아슬하고도 아름다운 사실을 뼈저리게 자각하는 순간, 우리는 우주 앞에 한없이 겸손해질 수밖에 없다.

그렇다면 지구까지 걸어왔으니, 이제 우리의 가장 오래된 이웃을 들여다볼 차례다.

우리의 옆을 돌고 있는 달. 달은 지구의 단순한 위성이 아니라, 지구와 수십억 년을 함께한 영혼의 단짝이다. 달이 없었다면 지구의 자전축과 계절은 엉망이 되었을 것이다. 달은 묵묵히 지구 주위를 돌며 바다를 잡아당겨 밀물과 썰물을 만들고, 밤이면 태양 빛을 반사해 어둠을 밝혀준다.

**달**

출처: NASA/DoD(Clementine)

이 축소된 세계에서 우리의 이웃, 달의 지름은 약 0.55mm. 고운 모래 한 알 정도다.

그렇다면 지구와 달의 거리는 어떨까?

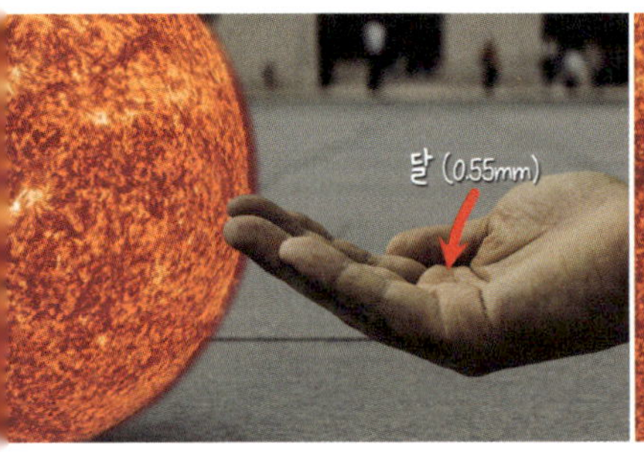


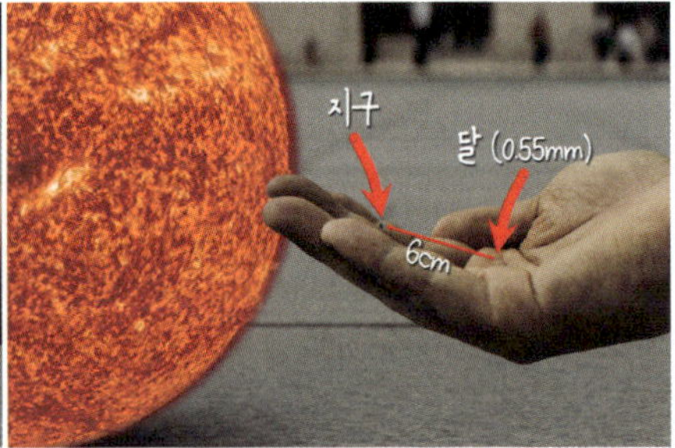

불과 6cm. 참깨 한 알 옆에 손가락 한 마디 정도 띄우고 모래알 하나가 놓여 있는 모습이다. '생각보다 바짝 붙어 있네'라고 느낄 수도 있다. 하지만 참깨와 모래알의 그 미미한 크기를 떠올려 보자. 자기 몸집의 30배나 되는 거리를 사이에 두고 떨어져 있는 셈이다. 이 6cm의 틈새는 결코 좁지 않다. 사실 그 사이에는 태양계의 다른 모든 행성들을 일렬로 집어넣고도 남을 만큼 거대한 공백이 존재한다.

지구와 달의 실제 크기와
거리 비율을 그대로 반영해 표현한 이미지

가족이라 부르는, 가장 가까운 천체끼리도 이 정도의 서늘한 간격을 유지하고 있는 곳. 그것이 우주다. 우주가 얼마나 무자비할 정도로 텅 빈 공간인지 다시 한번 등골이 서늘하게 깨닫게 된다.

다음 발걸음은 화성으로 향한다.

온통 붉은 산화철로 뒤덮여 있어, 마치 피로 물든 듯한 전쟁의 신 '마르스'의 행성이다. 하지만 실제 화성은 전쟁터보다는

쓸쓸한 폐허에 가깝다. 먼 옛날에는 이곳
에도 강물이 굽이치고 바다가 넘실거렸
을 것이다. 지금은 그 물들이 모두 사
라지거나 지하로 숨어들었고, 붉은 먼
지 폭풍만이 행성 전체를 휘감고 있다.
지구의 그랜드 캐니언보다 훨씬 거대한
'매리너 협곡'과 에베레스트 산의 3배
높이인 '올림포스 화산'은 과거의 격렬
했던 지질 활동을 웅변한다.

**화성**
출처: NASA/JPL-Caltech/USGS
(processed by Kevin M. Gill)

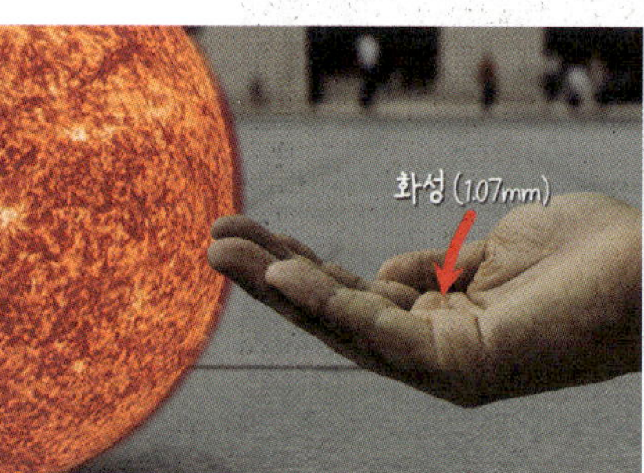


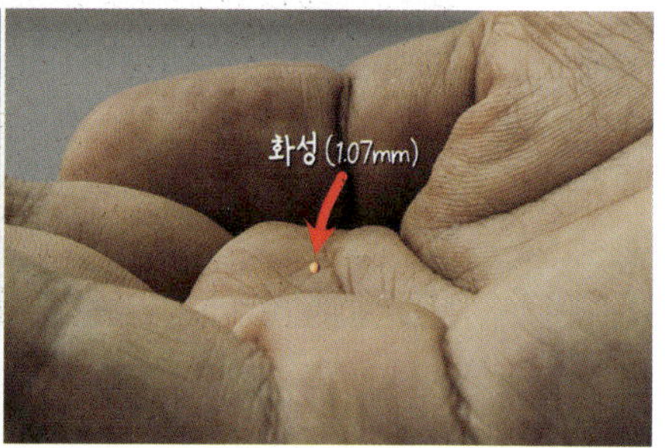


화성의 지름은 약 1.07mm, 일반적인 굵은 모래알 크기다.
태양으로부터 화성 궤도까지의 거리는 약 36m. 이제부터

**목성**
출처: NASA/JPL-Caltech
(Voyager 1)

행성 사이의 거리는 걷잡을 수 없이 급격하게 벌어지기 시작한다. 이전까지의 내행성(수, 금, 지, 화)들은 그래도 동네 골목에서 마주치는 이웃처럼 느껴졌지만, 목성 이후부터는 완전히 다른 차원의 공간이 열린다. 태양에서 몇 걸음, 몇십 미터쯤 떨어져 있어 아직은 손에 잡힐 듯했던 인간의 얄팍한 직관은 이곳부터 산산이 부서지게 될 것이다.

지구 같은 암석 행성이 '단단한 땅'의 세계라면, 목성은 '흐르는 가스'의 세계다. 목성은 태양계의 제왕이다. 다른 모든 행성을 합친 것보다 2.5배나 무겁다. 이곳에는 밟을 수 있는 땅이 없다. 끝없이 소용돌이치는 구름 띠와 시속 수백 킬로미터의 폭풍만이 존재한다. 특히 '대적점'이라 불리는 붉은 눈은 지구 하나를 통째로 삼키고도 남을 거대한 태풍이다. 목성은 그 거대한 중력으로 우주를 떠도는 소행성들을 빨아들이거나 튕겨내며, 지구를 지켜주는 방패 역할도 자처한다.

목성의 지름은 약 2.2cm. 어릴 적 구슬치기에서 쓰던 투명

한 유리구슬만 한 크기다. 참깨였던 지구와 비교하면 압도적으로 거대한 행성이지만, 이 축구공 사이즈의 세계에서는 겨우 손바닥 위에 가볍게 굴려볼 수 있는 작은 구슬에 불과하다. 그렇다면 태양으로부터의 거리는 어떨까?

123m. 광화문 한가운데 축구공 태양을 놓았다면, 목성의 궤도는 횡단보도를 건너 한참을 걸어가야 겨우 닿는 거리다.

다음은 목성 너머의 보석, 토성이다.

망원경으로 토성을 처음 본 갈릴레오 갈릴레이는 그 모습에 홀려 "행성에 양 귀가 달렸다"고 기록했다. 인류의 관측 기술이 발달한 후 밝혀진 그 '귀'의 정체는, 태양계에서 가장 황홀한 풍경인 토성의 '고리'였다. 그러나 그 거대하고 화려한 고리는 사실 하나의 판이 아니다. 집채만 한 얼음덩어리부터 아주 작은 눈송이 같은 입

**토성**
출처: NASA/JPL-Caltech, Cassini mission

자들이 수조 개가 모여 춤추듯 회전하는 거대한 빙판이다. 토성은 물보다 밀도가 낮아, 만약 토성을 담을 수 있는 거대한 우주 욕조가 있다면 물에 둥둥 뜰 것이다. 부드러운 크림색 구름 아래에서는 시속 1,800km의 바람이 불고, 북극에는 육각형 모양의 기이한 폭풍이 회전하고 있는 신비로운 행성이다.

물론 이런 화려한 토성도 크기만 보면 목성과 크게 다르지 않다. 지름은 약 1.9cm, 역시 구슬 하나 정도다.

하지만 거리의 스케일은 다시 한번 극적인 도약을 이룬다. 축구공 태양으로부터 226m. 목성까지 걸어왔던 거리의 거의 두 배를 다시 걸어야 한다. 광화문에서 남쪽으로 계속 걸어 내려가 대한민국 역사박물관 건너편까지 당도해야 비로소 토성 구슬 하나를 만날 수 있다. 이쯤 되면 저 멀리 두고 온 축구공 사이즈의 태양은, 뒤를 돌아봐도 겨우 가물가물한 점으로 보일까 말까 한 위치가 된다.

천왕성에 이르면 공간의 분위기는 한층 더 어둡고 적막해진다.

**천왕성**
출처: NASA/JPL-Caltech,
Voyager 2 mission

그리스 신화 속 하늘의 신 우라노스의 이름을 딴 이 행성은 기괴하다. 자전축이 98도나 기울어져 있어, 공이 바닥을 구르듯 옆으로 누워서 태양을 돈다. 그 탓에 한쪽 극지방은 42년 동안 낮이 계속되고, 반대쪽은 42년 동안 밤이 계속된다. 대기 중의 메탄가스가 붉은빛을 흡수해 신비로운 청록색을 띠는데, 겉보기엔 매끈한 당구공처럼 평온해 보인다. 하지만 그 내부는 거대한 얼음과 암석이 뒤섞인 차가운 슬러시 같은 상태다. 누구의 주목도 받지 않은 채, 홀로 옆으로 누워 굴러가는 태양계의 아웃사이더다.

천왕성의 지름은 약 8mm. 알약 한 알 정도의 크기다.

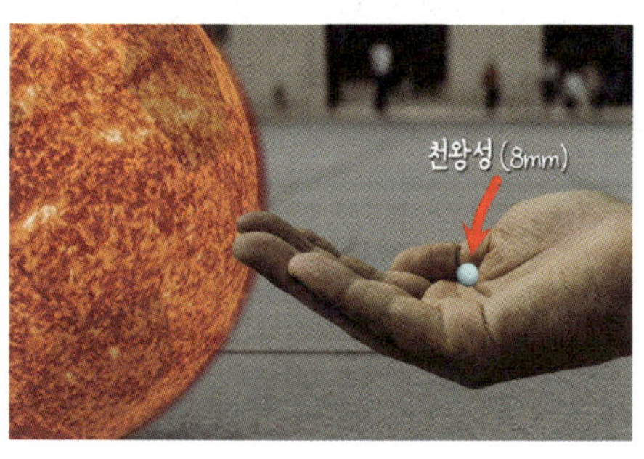

하지만 그 작은 알약 하나를 놓기 위해 우리는 축구공 태양으로부터 454m나 걸어와야 한다.

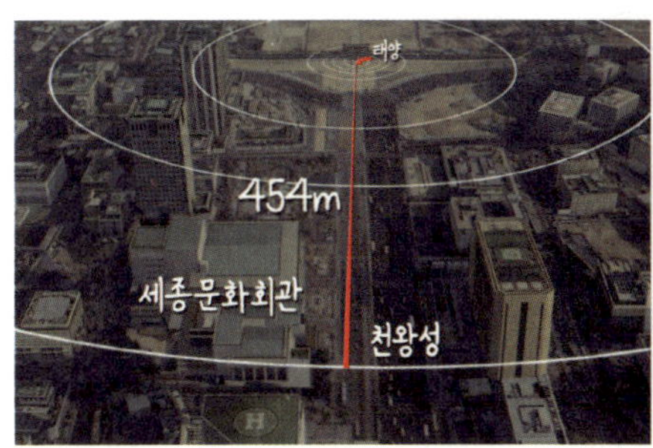

남쪽으로 끝없이 내려가 세종문화회관 앞 광장 부근에 이르러서야 우리는 이 작은 행성을 만날 수 있다. 주변을 아무리 둘러봐도 눈에 띄는 다른 천체는 보이지 않는다. 텅 빈 광장 한가운데에 알약 하나가 덩그러니 놓여 있는 그 막막한 풍경. 이제는 온몸으로 분명히 깨닫게 된다. 태양계는 행성들이 옹기종기 모여 이웃사촌을 맺고 있는 공간이 아니라는 사실을. 칠흑같은 허공 속에 드문드문, 아주 고독한 점들이 흩어져 있는 지독하게 텅 빈 구조라는 것을 말이다.

그리고 이 무거운 적막의 끝자락에서 마주하는 행성, 해왕성이다.

바다의 신 포세이돈의 이름을 가진 이 행성은 이름처럼 깊고 푸른 바다색을 띠고 있다. 태양 빛이 지구의 900분의 1밖에 닿지 않는 영원한 어둠과 혹

**해왕성**
출처: NASA/JPL-Caltech,
Voyager 2 mission

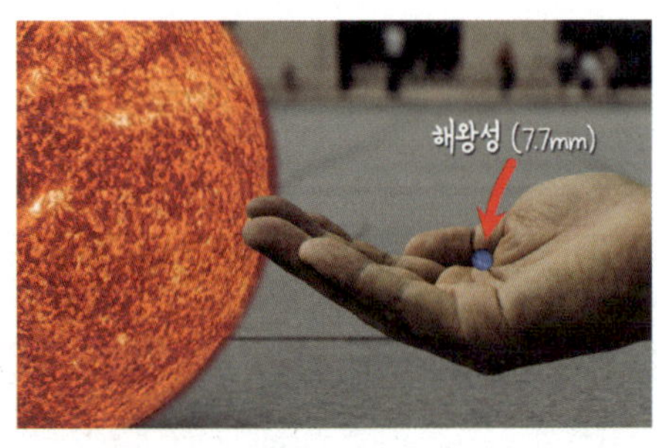



한의 행성이다. 하지만 그 차가운 대기 속은 그 어떤 곳보다 역동적이다. 시속 2,000km가 넘는, 소리조차 얼어붙을 듯한 초강력 폭풍이 몰아친다. 과거에는 '대흑점'이라 불리는 거대한 검은 폭풍이 관측되기도 했다. 수학자들의 펜 끝에서 계산만으로 그 위치가 먼저 발견된, 인간 이성의 승리를 상징하는 행성이기도 하다. 태양계의 끝자락을 지키는 푸른 파수꾼이라 할 수 있다.

이 마지막 행성인 해왕성의 지름은 7.7mm. 천왕성과 엇비슷한 크기다.

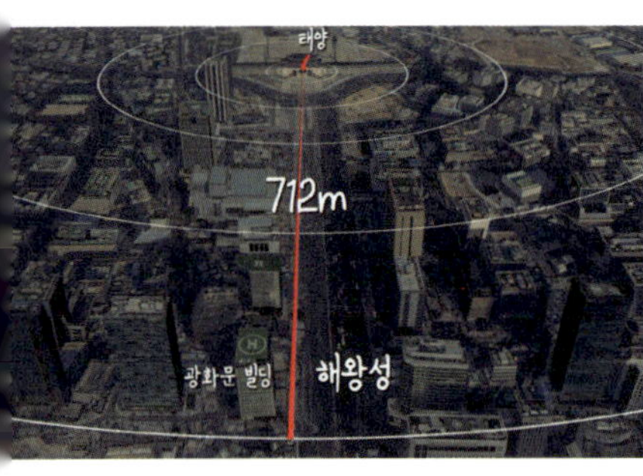



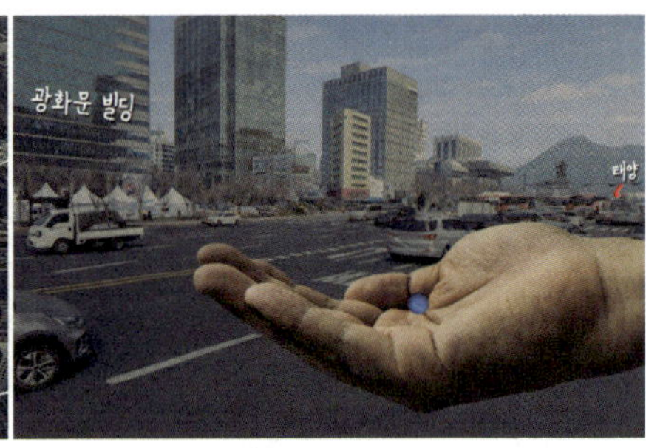



하지만 그 거리는 무려 712m. 광화문에서 출발한 우리는 광화문 사거리를 지나 시청 방향으로 끝없이 걸어가야 이 작은 푸른 점을 만날 수 있다. 이쯤 되면 출발선에 놓아두었던 축구

**명왕성**
출처: NASA/JHUAPL/SwRI

공 태양은 눈으로도 보이지 않고, 그 열기조차 감각되지 않는다. 그저 '저 멀리 어딘가 나를 끌어당기는 중심이 있었지'라는 아득한 기억과 관성으로만 돌고 있을 뿐이다.

그리고 마지막으로, 한때 태양계의 아홉 번째 행성으로 불렸던 명왕성도 잊지 말고 만나보자.

저승의 신 하데스의 이름을 딴, 춥고 어두운 변방의 작은 세계다. 2006년 행성의 지위를 잃고 '왜소행성'으로 강등되었을 때 전 세계가 아쉬워했다. 하지만 탐사선 뉴호라이즌스호가 보내온 사진은 우리를 놀라게 했다. 얼어붙은 질소 얼음 평원이 거대한 '하트 모양'을 이루고 있었기 때문이다. 태양계의 가장 춥고 외진 곳에서, 가장 따뜻한 사랑의 표식을 품고 돌고 있는 별. 비록 행성의 왕관은 내려놓았지만, 명왕성은 여전히 카이퍼 벨트의 제왕으로 군림하고 있다.

명왕성의 지름은 겨우 0.37mm. 눈에 보일까 말까 한 먼지 같은 크기다.

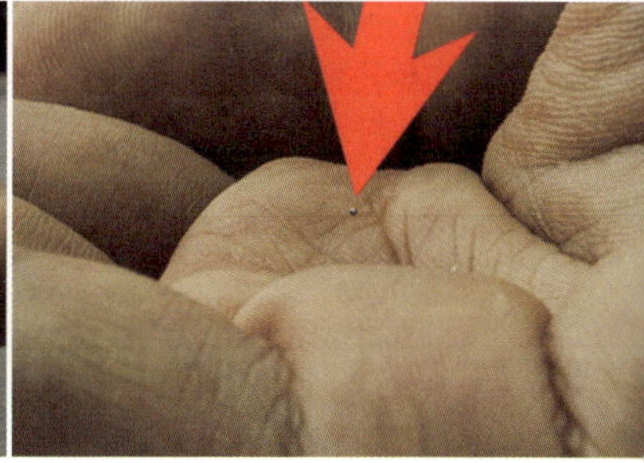

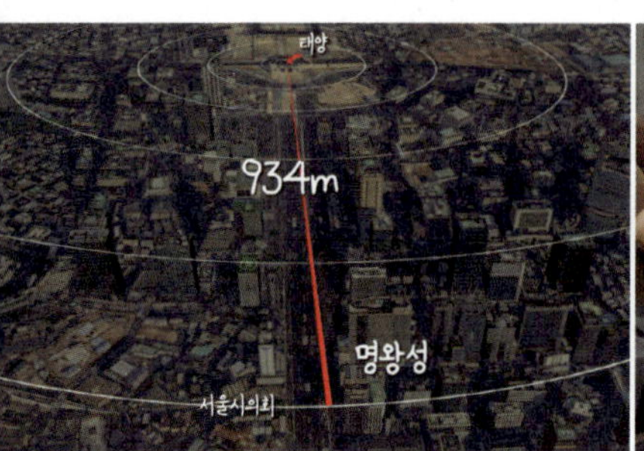

하지만 이 작은 먼지를 만나기 위해 우리는 축구공 태양으로부터 무려 934m를 걸어와야 한다. 남쪽으로 한참을 더 내려가 서울시의회 본관 앞에 이르러서야, 우리는 어둠 속을 헤매는 이 작은 하트 모양의 천체를 만날 수 있다.

처음 수성과 금성을 지날 때까지만 해도 태양의 온기가 느껴지는 듯했다. 태양계라는 공동체의 울타리 안에 있다는 소속감이 있었다. 하지만 목성 이후부터 공간은 자비 없이 팽창했고, 거리는 벌어졌다. 명왕성이 있는 934m 지점에 이르면 광화문 한복판에 있던 축구공 태양은 우리의 기억 속에서조차 희미해진다. 이 축소된 1km 남짓의 산책을 마치고 나면, 하나의 진실이 명확해진다. 태양계는 행성들로 가득 찬 풍요로운 우주가 아니다. 끝없이 확장되는 압도적인 진공 속에, 소수점의 확률로 아주 드물게 흩뿌려진 외로운 점들의 집합체일 뿐이다. 그리고 우리가 살고 있는 지구는, 그 넓은 어둠 속을 표류하는 수많은 먼지들 가운데 유일하게 생명이 박동하는 '기적 같은 한 알'에 불과하다.

# 태양계 너머,
# 그리고 인간이 만든 탐사선

이제 태양계 행성들의 범위를 벗어나 보자.

인류가 만든 탐사선 중 가장 멀리, 고독하게 날아가고 있는 존재, 보이저 1호다(Voyager 1). 1977년 지구를 떠난 이 기계는 지금 이 순간에도 암흑 속을 질주하고 있다.

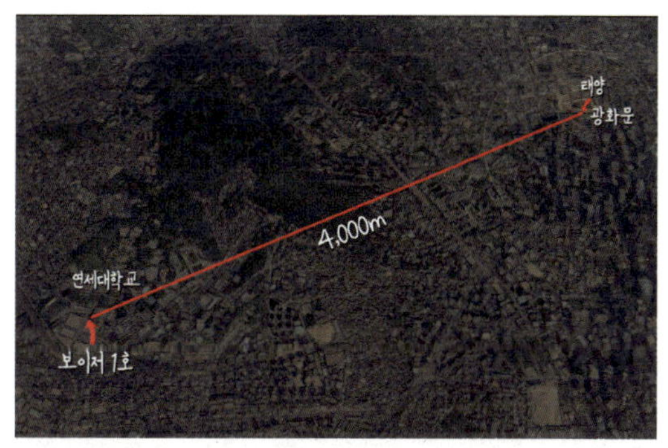


이 축소된 스케일에서 보이저 1호는 약 4,000m, 즉 4km 떨어져 있다. 광화문에서 연세대학교까지의 거리다.

참깨 한 알 크기의 지구에서 출발한 인류의 작은 탐사선이 반세기를 날아서 서울 한복판을 가로질러 지금도 우주를 향해 나아가고 있다. 우주는 이토록 넓고, 우리의 걸음은 더디다.

# 빛, 그리고 상상을 초월하는 거리

이 아득한 심연에서 우리가 유일하게 믿을 수 있는 척도는 우주에서 가장 빠른 존재, 바로 빛Light이다. 빛은 단 1초 만에 약 30만km를 뻗어 나간다. 1초 만에 지구 둘레를 일곱 바퀴 반이나 감아 도는 경이로운 속도다. 물론 빛이 둥근 궤도를 따라 도는 것은 아니지만, 그만큼의 거리를 단 1초 만에 꿰뚫고 직선으로 지나간다는 뜻이다.

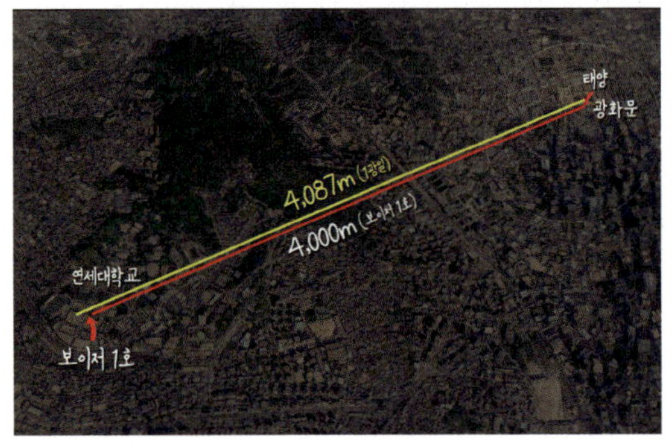


이 절대적인 빛의 속도를 앞서 우리가 걷던 '축구공 사이즈의 태양' 속 세계로 가져와 보자. 빛이 하루 꼬박 24시간을 쉬지 않고 달려간 거리, 즉 '1광일Light-day'은 이 축소된 지도 위에서 약 4,087m로 환산된다. 앞서 인류의 분신인 보이저 1호가 반세기에 걸쳐 죽기 살기로 날아갔던 그 4km의 거리를, 빛은 단 하루 만에 무심하게 주파해 버린다. 인간의 가장 위대한 도약조차 빛 앞에서는 그저 정지된 화면처럼 보일 뿐이다.

그렇다면 우주 거리의 기본 잣대인 '1광년(빛이 1년 동안 쉬

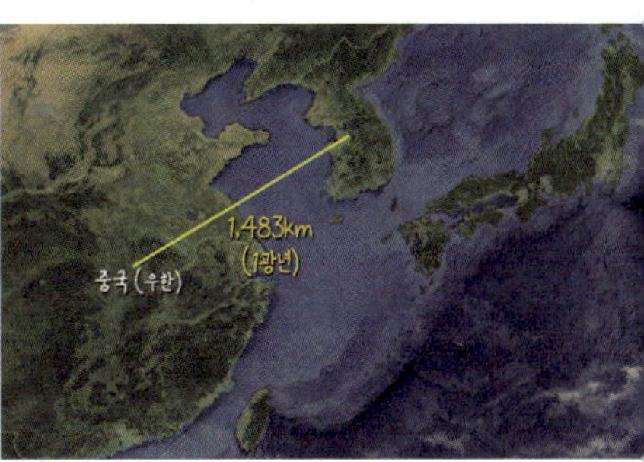


지 않고 가는 거리)'은 어떨까? 태양을 축구공으로 짓눌러 줄인 이 비좁은 세계에서조차 1광년은 무려 1,483km에 달한다. 이제 는 광화문이나 서울 시내라는 친숙한 지리로는 도저히 설명할 길이 없다. 서울에서 대만의 수도 타이베이, 혹은 중국 내륙의 우한까지 비행기를 타고 날아가야 하는 아득한 거리다. 빛의 물 리적인 최고 속도로 1년을 꼬박 달려야 도달하는 거리가, 이 비 현실적으로 축소된 지도 위에서조차 바다를 건너고 국경을 넘 는 대장정이 된다.

## 별과 은하, 그리고 끝없는 우주

이제 시선을 완전히 밖으로 던져보자. 우리를 키워준 태양계의 좁은 울타리를 넘어, 밤하늘에 무수히 반짝이는 다른 별까지 가려면 도대체 얼마나 걸어야 할까?

우리의 태양에서 가장 가까운 이웃 별이라는 '프록시 마 센타우리Proxima Centauri'까지의 거리는 이 스케일에서조차

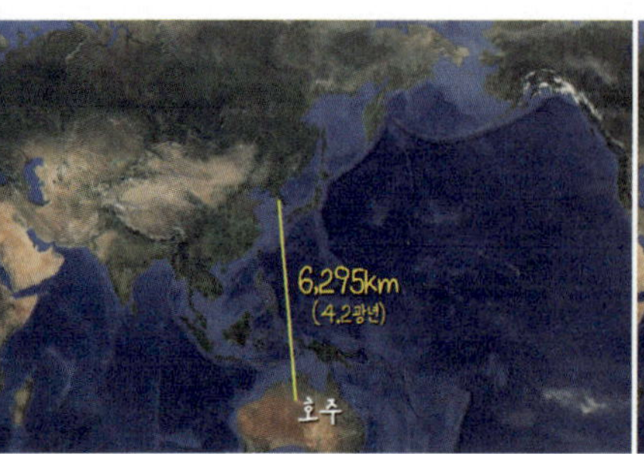

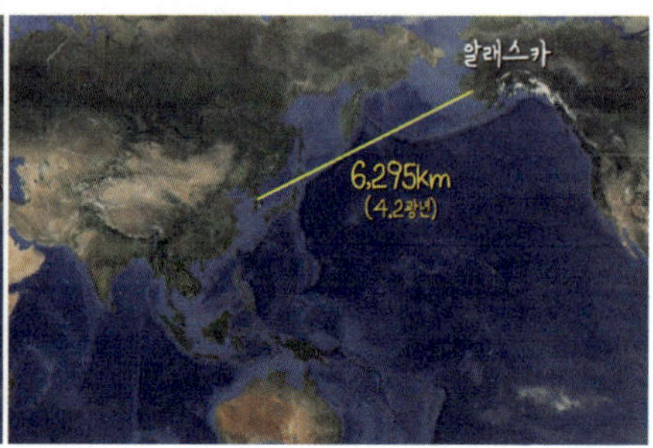


6,295km다. 서울에서 호주의 북부, 혹은 툰드라가 펼쳐진 알래
스카까지 가야 겨우 다른 별 하나를 만날 수 있다. '가장 가까
운 이웃'이라는 다정한 표현이 무색하게, 그 거리는 이미 우리의
일상적 감각을 잔인하게 찢어놓는다. 우주는 별들이 모래알처
럼 빽빽하게 뭉쳐 있는 곳이 아니다. 텅 빈 칠흑의 대양 위에 아
주 가끔, 기적처럼 떠 있는 고립된 등대들의 바다다.

그리고 이런 외로운 별들이 수천억 개 모여 거대한 소용돌
이를 이루는 웅장한 구조, 그것이 바로 우리가 속한 '우리 은하
Milky Way Galaxy'다. 우리 은하의 실제 지름은 무려 10만 광년. 이
거대한 소용돌이 안에서 우리 태양계 전체는 보이지도 않는 아
주 미세한 점 하나에 불과하다.

태양을 축구공 크기로 줄인 이 사고실험의 스케일로 환산
해 보면, 우리 은하의 지름은 무려 1억 4,833만km가 된다. 이
숫자가 무엇을 의미하는지 아는가? 놀랍게도 이 거리는 우리가
맨 처음 잣대로 삼았던 '실제 태양과 지구 사이의 거리1AU'와
거의 맞먹는다. 태양을 고작 축구공으로 찌그러뜨렸는데, 그 축
구공이 속한 은하의 크기를 재려면 다시 원래의 거대한 태양계

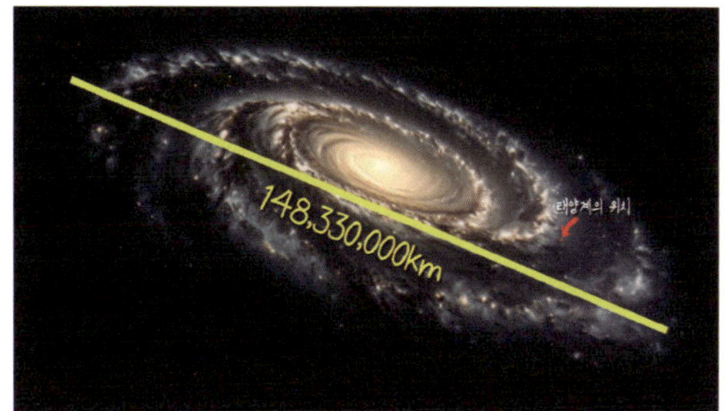


만 한 우주의 자가 필요한 것이다. 이 지독한 반전 앞에서 우리의 직관은 완전히 백기를 든다. 이제는 도시도, 국가도, 행성도 아닌, 우주 그 자체를 가로지르는 거리다.

그런데 우리를 가장 압도하는 진실은 따로 있다. 현재 천문학자들의 관측 결과에 따르면, 이 우주에는 우리 은하와 같은 거대한 은하가 최소 2조 개 이상 존재하는 것으로 추정된다. 심지어 이 기가 막힌 숫자는 빛이 도달해 우리가 볼 수 있는 '관측 가능한 우주' 안에서만 조심스럽게 계산한 값일 뿐이다.

광화문의 축구공에서 출발한 우리의 상상력은, 수조 개의 은하들이 흩뿌려진 우주의 그물망 앞에서 결국 길을 잃는다. 우주 전체를 놓고 보면 우리 은하조차 2조 개의 모래알 중 하나에 불과하다. 이쯤 되면 '크다'거나 '넓다'는 인간의 얄팍한 형용사는 더 이상 아무런 의미를 갖지 못한다. 우주는 크기라는 개념 자체가 증발해 버리는, 무한과 영원의 영역이다.

# 참깨 한 알 위의 삶



축구공 태양에서 시작한 우주 산책은 이제 우리의 감각과 인식을 훌쩍 넘어섰다. 저 거대하고 무심한 우주의 시선으로 내려다보면, 우리는 지름 2mm짜리 참깨 한 알 위를 잠시 스쳐 지나가는 하루살이 먼지 같은 존재일지도 모른다.

하지만 절망하기엔 이르다. 그 작디작은 참깨 한 알 위를 가만히 들여다보라. 그 좁은 곳에서 비가 내리고, 숲이 우거지고, 푸른 파도가 부서진다. 누군가가 태어나 첫 울음을 터뜨리고, 사랑에 빠져 밤을 지새우고, 뼈아픈 이별을 겪고, 다시 내일의 꿈을 꾼다. 지난 수천 년간 인류가 쌓아 올린 눈부신 예술과 과학, 피 흘리며 쟁취했던 자유와 평화의 서사가 저 작은 참깨 한 알 속에 빈틈없이 들어차 있다.

우리의 육신은 이토록 작고 유한하다. 하지만 결코 하찮은 존재는 아니다. 이 미약한 존재가 자신이 서 있는 참깨 한 알의 한계를 넘어, 저 광활하고 폭력적인 우주 전체를 바라보고 그 기원을 이해하려 애쓰고 있기 때문이다. 두 발은 2mm의 점 위에 단단히 묶여 있으면서도 수백억 광년 너머를 상상하는 일. 그 무모하고도 눈물겨운 호기심이야말로 인간이 가진 가장 거대하고 위대한 크기일 것이다.

이제 이 벅차오르는 감각과 우주적 시선을 가슴에 품고, 다음 장으로 발걸음을 옮겨 보자. 우주를 향한 우리의 진짜 여행은, 나 자신이 얼마나 작은지 뼈저리게 깨닫는 바로 이 순간부터 시작된다.

# 태양계, 은하,
# 우주까지

•

## 태양계는 어디까지를 말할까?

"태양계는 과연 어디까지일까?" 우리는 흔히 태양계라고 하면, 태양이라는 난로 주변에 옹기종기 모여 앉은 여덟 개의 행성만을 떠올리곤 한다. 하지만 실제 태양계의 영토는 우리가 상상하는 것보다 훨씬 더 광활하며, 그 경계선 또한 생각처럼 단순하게 그어지지 않는다.

가장 본질적으로 말해, 태양계는 '태양의 보이지 않는 중력이 지배하는 거대한 제국'이다. 우리가 잘 아는 여덟 개의 행성과 그 곁을 지키는 수많은 위성들, 그리고 궤도를 떠도는 소행성과 미세한 우주 먼지까지. 태양의 힘에 붙잡혀 있는 모든 것은 이 거대한 제국의 백성이다.

많은 이들이 태양계의 끝을 마지막 행성인 해왕성, 혹은 한

**태양계 행성들의 배치를 표현한 일러스트**
출처: NASA (Artist's concept)

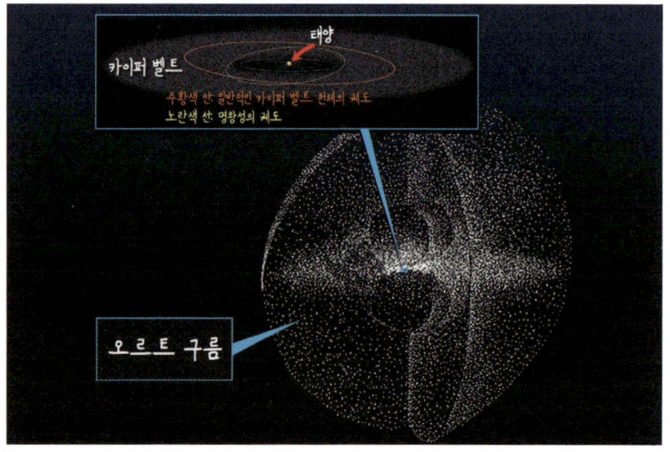


**태양계를 둘러싼 카이퍼 벨트와 오르트 구름의 구조**
출처: NASA

때 행성이었던 명왕성까지로 한정 짓는다. 하지만 8개 행성의 궤도를 훌쩍 지나친 캄캄한 심연 속에서도, 태양의 중력은 끈질기게 뻗어 있다. 명왕성 너머의 차갑고 어두운 변방에서도 수많은 얼음덩어리와 작은 천체들이 태양의 옅은 중력에 이끌려 아주 느리고 고독한 춤을 추고 있다.

태양계의 진짜 바깥을 이야기할 때 반드시 등장하는 개념이 있다. 바로 '오르트 구름Oort Cloud'이다. 오르트 구름은 태양계 전체를 둥근 껍질처럼 감싸고 있는 거대한 얼음 파편들의 안개다. 아주 기나긴 세월을 떠돌다 이따금 태양 곁으로 다가와 꼬리를 흩날리는 혜성들이 바로 이 머나먼 변방에서 출발한 순례자들이다.

이 오르트 구름까지를 태양계의 영토로 품는다면, 그 크기는 행성 궤도의 수천 배로 거대하게 팽창한다. 그렇다면 태양계의 '진짜 끝'은 어디일까? 안타깝게도 우주에는 국경을 나누는 뚜렷한 장벽이나 선명한 벽이 없다. 태양의 중력은 거리가 멀어질수록 아주 서서히 힘을 잃어갈 뿐, 어느 순간 칼로 자르듯 뚝 끊어지지 않는다. 따라서 태양계의 경계는 명확한 선이 아니라, 태양의 입김이 침묵 속으로 스며들며 희미해지는 드넓은 '점이지대'로 이해해야 한다.

이 때문에 과학자들은 태양계의 끝을 상황에 따라 여러 기준으로 정의한다.

- 행성의 끝
- 혜성의 출발지 (오르트 구름)
- 태양의 중력이 다른 별의 중력과 비슷해지는 지점

이 기준에 따라 태양계의 크기는 조금씩 달라진다.

정리해보자.

태양계는 단순히 행성 몇 개가 모여 있는 비좁은 방이 아니다. 태양을 중심으로 아득히 멀리까지 뻗어 있는 거대한 중력의 바다이며, 우리는 그 광활한 영토의 안쪽 아주 깊숙하고 따뜻한 곳에 잠시 머무르고 있을 뿐이다.

## 태양계는 은하 안에서
## 어떤 위치에 있을까?

태양계의 아득한 크기를 가늠했다면, 자연스럽게 다음 질문이 고개를 든다. "그렇다면 이 거대한 태양계는 우주 전체로 보았을 때 어디쯤 놓여 있을까?" 그 답을 찾기 위해, 우리는 먼저 우리가 속한 '은하'의 지도를 펼쳐보아야 한다.

아주 맑고 어두운 밤하늘을 올려다보면, 머리 위를 가로지

어두운 밤하늘에 펼쳐진 은하수와 수많은 별들
출처: Pixabay (Pixabay Content License)

르는 희미하고 아름다운 빛의 강물을 볼 수 있다. 우리는 그것을 '은하수Milky Way'라 부른다. 그것이 바로 우리 태양계가 속해 있는 거대한 항성들의 도시, '우리 은하'의 낭만적인 모습이다. 우리 은하는 수천억 개의 별들이 찬란하게 모여 이룬 거대한 집단이며, 태양계는 이 도시를 구성하는 수천억 개의 불빛 중 하나에 불과하다.

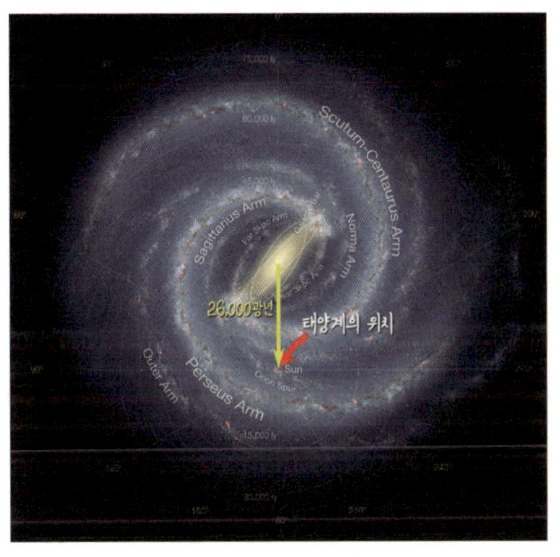


우리 은하의 나선팔 구조와 태양계의 위치
출처: NASA/JPL-Caltech/R. Hurt (SSC/Caltech)

위에서 내려다본 우리 은하는 중앙에 볼록한 팽대부가 있고, 그 주위를 여러 개의 나선팔이 소용돌이처럼 휘감고 있는 '나선은하'다. 이 거대한 나선팔의 물결 속에 수많은 별과 행성계들이 별가루처럼 흩뿌려져 있다.

　그렇다면 태양계는 이 도시의 어디쯤 자리를 잡았을까? 태양계는 은하의 중심부에 있지도 않고, 그렇다고 아무것도 없는 황량한 외곽으로 완전히 밀려나 있지도 않다. 은하 중심으로부터 약 2만 6천 광년 떨어진, 중심과 가장자리의 한가운데쯤 되는 적당한 거리에 위치해 있다. 인간의 도시에 비유하자면, 네온사인이 번쩍이는 복잡한 도심도 아니고 그렇다고 시골도 아닌, 아주 평화롭고 조용한 주거 지역에 안착한 셈이다.

이 평범해 보이는 위치는 사실 생명이 뿌리내리기에 더없이 절묘한 자리다. 은하의 중심부는 별들이 숨 막히게 빽빽하게 몰려 있고, 굶주린 초대질량 블랙홀이 도사리고 있으며, 폭발과 죽음이 쉴 새 없이 일어나는 가혹한 곳이다. 반면 태양계가 자리한 나선팔의 중류는 별들 사이의 간격이 여유롭고 파괴적인 우주 재난이 드문 안전지대다. 이 고요한 방파제 안에서, 지구의 생명체들은 멸종의 위기를 비켜가며 오랜 시간 안정된 환경을 유지할 수 있었다. 우리의 주소가 이곳인 것은 우연처럼 보일지 모르지만, 결과적으로는 생명을 품기 위해 선택받은 기적의 자리였던 것이다.

물론 태양계가 이 자리에 가만히 닻을 내리고 있는 것은 아니다. 우리는 은하 중심을 축으로 삼아 거대한 나선팔의 흐름을 타고 회전하고 있다. 태양계가 은하를 한 바퀴 도는 데 걸리는 시간은 약 2억 3천만 년. 이 장엄한 주기를 천문학에서는 '1은하년Galactic Year'이라 부른다. 우리는 우주 공간에 정지해 있는 것이 아니라, 은하라는 거대한 회전목마를 타고 아득한 시간 여행을 영위하는 중이다.

정리해보면 이렇다.

- 태양계는 우리 은하의 중심이 아닌, 비교적 조용한 나선팔에 위치해 있다.
- 은하 전체로 보면 아주 작은 한 점에 불과하다.
- 적절한 위치 선정 덕분에 오랜 시간 안정적인 환경이 유지될 수 있었다.

우리는 우리 은하의 중심에 있지 않다. 특별히 눈에 띄는 자리에 있지도 않다.

그럼에도 불구하고 이 위치는 우리가 존재하기에 더없이 좋은 자리였다.

## 은하는 홀로 존재하지 않는다

이제 시야를 한 단계 더 바깥으로 넓혀보자. 우리는 흔히 은하를 망망대해에 홀로 떠 있는 외로운 섬처럼 상상한다. 하지만 실제 우주는 그렇게 단절되고 고립된 구조가 아니다. 사람이 모여 사회를 이루듯, 은하들도 보이지 않는 중력의 끈에 이끌려 무리를 짓는다. 별이 중력으로 뭉쳐 은하를 만들듯, 은하 역시 서로의 중력에 몸을 맡긴 채 완전히 흩어지지 않고 느슨한 군락을 형성한다. 이렇게 서로 묶인 은하들의 집단을 '은하군Galaxy Group'이라 부른다.

우리가 사는 우리 은하 역시 혼자가 아니다. 우리는 '국부 은하군Local Group'이라는 이름의 다정한 소규모 공동체에 속해

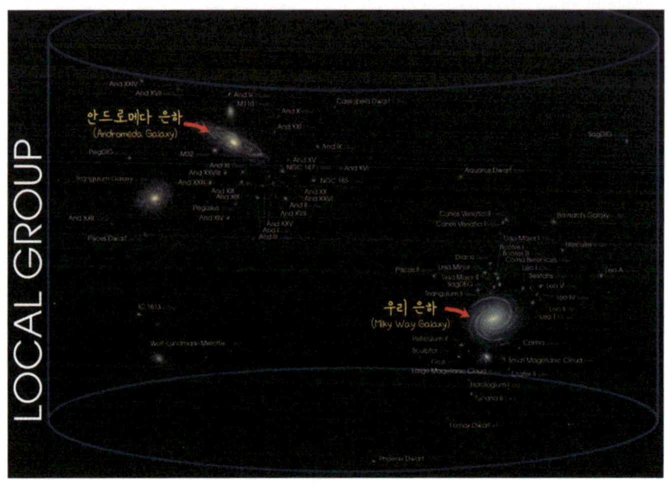



국부은하군의 구성과 상대적 위치
출처: Andrew Z. Colvin/CC BY-SA 4.0 (Wikimedia Commons)

있다. 이 집단에는 우리 은하와 안드로메다 은하라는 두 거물을 중심으로, 대략 50여 개의 크고 작은 은하들이 모여 있다.

그렇다면 은하와 은하 사이의 공간은 완벽하게 텅 비어 있을까? 눈으로 보기에는 철저한 진공 같지만, 실제로는 그렇지 않다. 은하 사이의 깊은 심연에는 아주 희박한 가스와 먼지가 유령처럼 퍼져 있고, 빛과 상호작용하지 않는 미지의 암흑물질Dark Matter이 거대한 뼈대가 되어 이 구조를 단단히 지탱하고 있다. 암흑물질은 은하들을 느슨하게 연결하며 우주 전체를 거미줄처럼 이어주는 보이지 않는 끈이다.

은하들이 무리를 짓는다는 것은 서로 운명을 공유한다는 뜻이기도 하다. 은하들은 중력에 이끌려 서로 영향을 주고받고, 때로는 가까워지며, 종국에는 거대하게 충돌하여 하나로 합쳐진다. 은하의 충돌은 우주에서 드문 재난이 아니다. 그저 그 사건이 일어나는 시간의 스케일이 인간의 수명에 비해 너무나 길어 우리가 체감하지 못할 뿐이다. 수십억 년의 긴 호흡으로 바라보면, 은하의 만남과 합병은 아주 자연스럽고 우아한 현상이다. 우리 은하 역시 오랜 세월 수많은 작은 은하들을 품에 안으며 지금의 거대한 모습을 갖추어 왔다.

정리해보자.

- 은하는 우주에 홀로 떠 있는 섬이 아니다.
- 대부분의 은하는 중력으로 묶인 집단에 속해 있다.
- 우리 은하 역시 국부은하군이라는 작은 공동체의 일부다.
- 은하와 은하 사이는 완전히 빈 공간이 아니라, 거대한 우주 구조로 연결되어 있다.

## 국부은하군과 초은하단

우주의 구조는 마치 러시아 인형 '마트료시카'와 같다. 상자를 열면 그 안에 더 거대한 구조가 차곡차곡 숨겨져 있다.

먼저 우리가 속한 동네부터 짚어보자. 우리 은하와 안드로메다 은하 등 50여 개의 은하가 모인 국부은하군의 크기는 수백만 광년에 이른다. 숫자는 거대하지만, 우주 전체의 지도를 놓고 보면 국부은하군은 은하들이 아주 느슨하게 흩어져 있는 작

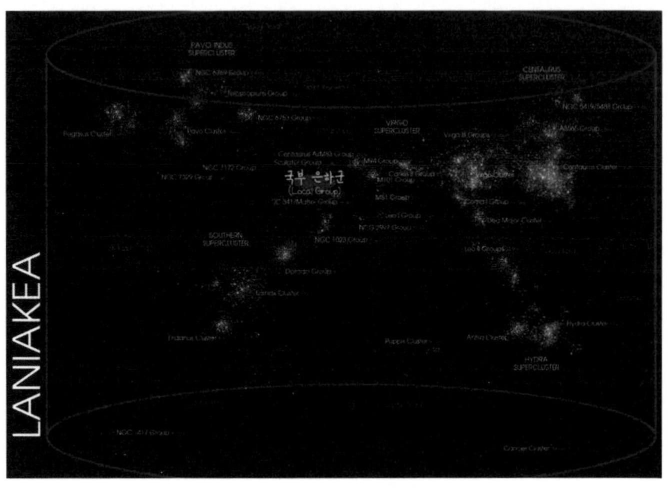

**라니아케아 초은하단과 주변 초은하단들의 분포**
출처: Andrew Z. Colvin/CC BY-SA 4.0 (Wikimedia Commons)

고 조용한 동네에 불과하다.

당연하게도 이 동네가 우주의 전부는 아니다. 우주에는 수백, 수천 개의 은하가 빽빽하게 모여 있는 거대한 대도시들이 존재하는데, 이를 은하단Galaxy Cluster이라 부른다.

그리고 이 거대한 은하단들조차 홀로 흩어져 있지 않다. 여러 은하단과 은하군이 중력의 강물을 따라 느슨하게 연결되며 우주에서 가장 거대한 구조를 이룬다. 우리는 이것을 초은하단Supercluster이라 부른다. 크기가 수억 광년에 달하는 이 거대한 그물망 속에서, 우리가 속한 국부은하군 역시 '라니아케아 초은하단Laniakea Supercluster'이라는 상상을 초월하는 구조의 일원이다. 하와이 원주민의 언어로 '헤아릴 수 없이 넓은 하늘'을 뜻하는 이 아름다운 이름처럼, 라니아케아 안에는 무려 10만 개가 넘는 은하들이 흩뿌려져 있다.

여기서 한 가지 짚고 넘어가야 할 감각이 있다. 초은하단은 암석이나 돌덩이처럼 단단하게 굳어진 구조가 아니다. 수많은 은하들이 보이지 않는 중력의 계곡을 따라 강물처럼 천천히 흘러가며 만들어낸 '거대한 흐름' 그 자체다. 그렇기에 초은하단의 경계는 지도 위의 국경선처럼 명확히 그을 수 없으며, 우주는 한없이 유동적이고 역동적인 공간이 된다. 이 압도적인 흐름 속에서 지구와 태양계의 존재는 먼지 한 톨보다도 미약해진다. 하지만 동시에, 이토록 작은 존재가 수억 광년 밖의 지도를 그려내고 그 광대한 이치를 이해하려 한다는 사실은 우리에게 묘한 전율과 자부심을 선사한다.

## 우리가 속한 우주의 대략적인 지도

지금까지의 긴 여정을 정리해 우리가 서 있는 우주의 주소를 써보자. 거대한 스케일과 달리 그 뼈대는 의외로 명쾌하다.

지구는 태양을 도는 행성이다. 태양계는 태양이라는 하나의 별에 묶인 작은 중력의 앞마당이다. 우리 은하는 수천억 개의 별이 모인 거대한 불빛의 도시다. 국부은하군은 우리 은하를 포함한 이웃 은하들의 다정한 공동체다. 초은하단은 그 공동체들이 모여 흐르는 우주의 거대한 강줄기다.

이 다섯 줄의 주소만 기억해도 우주의 거대한 윤곽은 우리 손안에 들어온다. 그리고 이 우주 지도를 굽어볼 때 우리가 결

**관측 가능한 우주의 범위를 구 형태로 표현한 개념**
출처: NASA/ESA/Hubble, The Observable Universe (영상 캡처, CC BY)

코 잊지 말아야 할, 가장 중요한 철학적 진실이 하나 있다. 바로 이 거대한 구조 어디에도 '중심'은 없다는 사실이다. 우리는 우주의 중심이 아니며, 어딘가 특별히 조명받는 무대 중앙에 서 있지도 않다. 하지만 역설적이게도 중심이 없기에, 우주를 올려다보는 모든 관측자는 저마다 자기 우주의 중심이 된다.

이제 시야를 인류가 닿을 수 있는 가장 아득한 바깥까지 밀어붙여 보자. 우리가 이야기하는 우주는 엄밀히 말해 '관측 가능한 우주Observable Universe'다. 138억 년 전 우주가 태어난 이후, 빛이 지금까지 달려와 우리 눈에 닿을 수 있었던 범위. 그 유한한 경계 안쪽의 공간만이 현재 인류가 인식할 수 있는 우주의 전부다. 그 장막 너머에 무언가가 더 존재하는지, 우주가 영원히 이어지는지는 아직 누구도 알지 못한다. 우리의 지도는 공간의 한계가 아니라, 빛이 아직 당도하지 못한 '시간의 한계' 안에서 그려진 불완전한 스케치다.

완벽하지 않지만, 이 지도로도 우리는 충분하다. 우주를 껴안기 위해 우리에게 필요한 것은 무한한 정보의 축적이 아니라, '내가 지금 이 거대한 어둠 속 어디쯤 서 있는가'를 자각하는 겸허한 감각이기 때문이다. 태양계의 좁은 골목을 빠져나와, 은하수라는 도시를 거쳐, 초은하단이라는 거대한 강물에 이르기까지. 이 아득한 흐름을 한 번에 꿰뚫어 볼 수 있다면 우주는 더 이상 두렵고 막연한 덩어리가 아니다.

이 웅장한 지도를 마음속 깊은 곳에 잘 접어두고, 이제 다음 장으로 걸음을 옮겨보자. 다음 장에서는 이 거대한 지도를 읽어내기 위해 꼭 필요한 세 가지 도구—빛, 시간, 거리—의 잣대를 꺼내어 살펴볼 것이다. 지도를 손에 쥔 여행자는 아무리 먼 낯선 길 앞에서도 길을 잃지 않는다. 우주를 향한 우리의 시선은, 지금부터 한층 더 깊고 또렷해질 것이다.

# 우주를 이해하는
# 최소 개념 3가지

## 빛의 속도: 우주에서 유일한 기준

우주 이야기를 펼치다 보면 늘 낯선 숫자와 단위가 먼저 길을 막아선다. 수억 광년, 수십억 광년. 인간의 상상력을 가볍게 비웃는 그 압도적인 거리 앞에서 우리의 감각은 속수무책으로 허물어진다. 이 아득하고 막막한 세계를 항해하려면, 절대로 흔들리지 않는 단 하나의 나침반이 필요하다. 그것이 바로 '빛의 속도'다.

우주에는 절대적인 기준이 드물다. '빠르다, 느리다, 가깝다, 멀다'라는 감각은 모두 무언가와 비교할 때만 의미를 지니는 상대적인 허상일 뿐이다. 그런데 이 어지러운 우주에서 예외적으로 모두가 공유하는 단 하나의 절대 진리가 있다. 빛의 속도는 언제나, 누구에게나 평등하게 같다는 것이다. 내가 멈춰 있든 빛의 속도에 가깝게 날아가든, 빛은 항상 같은 속도로 우주의 어둠을 나아간다. 그래서 빛의 속도는 이 혼란스러운 우주에서 유일하게 모두가 동의할 수 있는 가장 완벽한 잣대가 된다.

빛은 단 1초 만에 약 30만km를 뻗어 나간다. 이 건조한 숫자만으로는 아무런 실감이 나지 않는다. 이렇게 상상해 보자. 빛은 1초라는 찰나에 지구를 일곱 바퀴 반이나 감아 돈다. 우리가 무심코 눈을 한 번 깜빡이는 0.2초의 짧은 순간에도 빛은 이미 6만km를 주파한다. 내가 눈을 감았다 뜨는 그 틈새에, 빛은 이미 지구 둘레를 거뜬히 넘어서는 거리를 횡단해버린 것이다.

이토록 맹렬한 속도이기에 지구라는 좁은 구슬 위에서 빛은 거의 '순간'이나 다름없다. 하지만 거대한 우주 공간으로 무대를 옮기면, 이 우주 최고의 속도조차 한없이 느리고 답답하게 느껴질 만큼 우주 공간은 잔인하도록 거대하다.

그래서 우주에서는 거리와 시간을 잴 때 인간의 자를 버리고 빛의 걸음걸이를 빌려온다. 빛이 1초 동안 달려간 거리는 '1광초'가 되고, 하루 꼬박 걸어간 거리는 '1광일', 1년 동안 쉬지 않고 나아간 거리는 '1광년Light-year'이 된다. 광년은 이름 탓에 시간의 단위처럼 들리지만, 실은 빛이 시간이라는 다리를 밟고 건너간 '거리'의 단위다. 빛의 속도를 기준으로 삼았기에, 우주에서는 거리와 시간이 자연스럽게 하나의 몸으로 얽히게 된다.

우주선의 속도, 소리의 속도, 인간의 걸음은 상황과 기술에 따라 끊임없이 변한다. 하지만 빛의 속도는 시공간을 초월해 언제나 고결하게 일정하다. 이제 우리는 우주를 이해하기 위한 첫 번째 개념을 손에 쥐었다. 이 변하지 않는 기준을 가슴에 품고 나면, 우주를 바라보는 시선은 한층 더 깊고 선명해질 것이다.

## 우주를 본다는 것은
## 과거를 보는 것이다

우주에서 무언가를 본다는 것은, 그것이 지금 그곳에 존재한다는 뜻이 아니다. 아득히 먼 과거에 그곳을 출발한 빛이, 우주의 캄캄한 바다를 건너 이제야 내 눈동자에 닿았다는 뜻이다. 빛이 아무리 빠르다 한들 우주를 가로지르려면 결국 '시간'을 지불해야만 한다. 이 단순하고도 서늘한 사실 하나가, 우리가 밤하늘을 대하는 모든 감각을 송두리째 뒤바꾼다.

가장 가까운 예부터 살펴보자. 태양을 떠난 빛이 우주 공간을 달려 지구에 당도하는 데는 약 8분 19초가 걸린다. 즉, 우리가 지금 얼굴에 쬐고 있는 저 눈부신 햇살은 '지금'의 태양이 아니라 8분 19초 전 태양의 낡은 과거다. 만약 태양이 우주에서 갑자기 흔적도 없이 증발해 버린다 해도, 우리는 그 끔찍한 종말을 8분 19초 동안은 눈으로 결코 알아챌 수 없다. 이것이 우주에서 무언가를 '본다'는 행위가 가진 먹먹하고도 필연적인 시차다.

이 시차는 거리가 멀어질수록 더욱 극적으로 벌어진다. 우리는 밤하늘의 달을 보며 1.3초 전의 과거를 보고, 수많은 별을 보며 수십 년, 수백 년 전의 낡은 빛과 마주한다. 시선을 은하 너머로 던지면 이야기는 아득해진다. 수백만 년, 수천만 년, 심지어 지구가 태어나기도 전인 수십억 년 전에 출발한 빛이 이제야 당도해 우리의 망막을 두드린다.

그래서 우주는 실시간으로 생중계되는 라이브 화면이 아니다. 우리가 경이롭게 올려다보는 밤하늘은, 사실 서로 다른 시간대의 과거가 한 장의 거대한 캔버스에 겹쳐진 우주의 기록이다. 우리가 이름을 불러주는 어떤 별은 이미 오래전에 장렬하게 폭발해 사라졌을지도 모르고, 어떤 은하는 지금 우리가 보는 것과 전혀 다른 모습으로 늙어버렸을 수도 있다. 우리는 지금의 우주를 보는 것이 아니라, 우주가 지나온 길에 남겨둔 화석을 들여다보는 것이다.

우리는 타임머신을 타고 과거로 돌아갈 수 없지만, 우주를 바라봄으로써 과거를 목격할 수는 있다. 멀리 있는 천체일수록 더 오래되고 낡은 빛을 보내온다. 그래서 우주를 관측한다는 것은 곧 시간을 거슬러 올라가는 숭고한 발굴 작업과도 같다. 가장 먼 곳의 은하를 본다는 것은, 우주가 막 태어나던 시절의 첫 모습을 눈으로 확인하는 일이다.

이제 다시 밤하늘을 올려다보자. 저 반짝이는 별빛들은 지금 이 순간의 빛이 아니다. 상상할 수 없는 기나긴 시간을 견디고 차가운 우주를 건너와, 마침내 당신의 눈에 기적처럼 닿은 별들의 오래된 안부 인사다. 우리가 하늘을 올려다보는 그 짧은 순간, 우리는 우주의 까마득한 과거와 눈을 맞추고 있는 셈이다.

# 거리 단위: AU와 광년

1억km, 10억km, 1조km. 숫자에 동그라미가 늘어날수록 우리의 인지 능력은 한계를 맞이한다. 일상에서 쓰던 킬로미터km라는 잣대는 우주 앞에서 너무나 옹색하고 무기력하다. 그래서 천문학자들은 우주라는 거대한 공간에 걸맞은 전용 단위를 만들어냈다. 그중 가장 기본이 되는 것이 바로 '천문단위AU, Astronomical Unit'와 '광년Light-year'이다.

먼저 AU부터 살펴보자. AU는 우리의 고향, 지구와 태양 사이의 평균 거리인 약 1.5억km를 '1'로 둔 단위다. 이 복잡한 숫자를 외울 필요는 전혀 없다. 중요한 것은 왜 하필 이 거리를 기준으로 삼았느냐는 것이다.

태양계라는 좁은 동네 안에서는 모든 천체가 태양의 중력에 묶여 움직인다. 따라서 지구와 태양 사이의 거리를 보폭 삼아 거리를 재면, 행성들의 위치와 간격이 훨씬 직관적으로 다가온다.

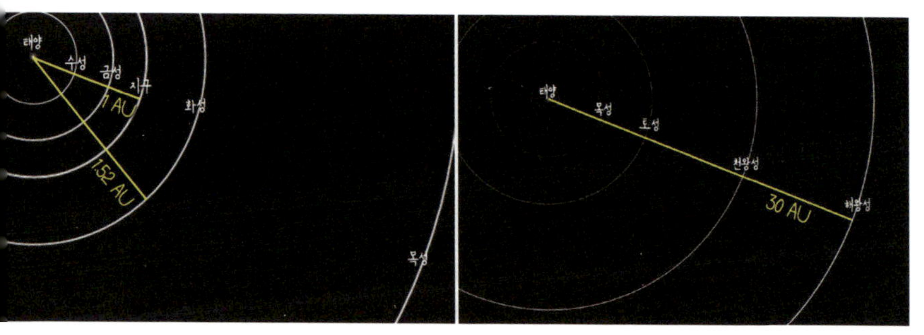


태양계 행성들의 궤도와 거리

예를 들어보자. 지구가 태양에서 1AU 떨어져 있다면, 화성은 약 1.5AU, 목성은 약 5AU, 저 멀리 해왕성은 약 30AU의 거리에 놓여 있다. 이렇게 툭툭 던져놓으면, 행성들이 태양이라는 난로를 중심으로 얼마나 멀찍이 떨어져 앉아 있는지 한눈에 들어온다. 태양계 안에서 AU는 지도를 읽는 가장 훌륭하고 직관적인 눈금이다.

하지만 태양계의 울타리를 벗어나 더 멀리, 심우주로 발을 내딛는 순간, 이 AU마저 숨이 가빠지기 시작한다. 태양에서 가장 가까운 이웃 별인 프록시마 센타우리까지의 거리를 AU로 재면 약 26만 8,000AU라는 벅찬 숫자가 튀어나온다. 이쯤 되면 AU 역시 감각적인 단위로서의 수명을 다한다. 그래서 우주의 심연을 재기 위해 등장한 잣대가 바로 '광년'이다.

광년은 그 이름에 들어간 '년Year'이라는 글자 때문에 종종 시간으로 오해받지만, 명백한 '거리 단위'다. 앞서 말했듯 빛이 1년 동안 쉼 없이 달려간 거리를 의미한다. 빛의 속도를 기준으로 만든 우주 전용 줄자인 셈이다.

광년이라는 단어 안에는 단순히 공간의 거리뿐만 아니라 시간의 깊이가 기적처럼 하나로 녹아 있다. 어떤 별까지의 거리가 10광년이라면, 우리는 10년 전 그 별이 뿜어낸 빛을 지금 받아보는 것이다. 100광년이라면 100년 전의 모습을, 수천만 광년이라면 인류가 아직 지구에 존재하지도 않던 시절의 아득한 기록을 마주하는 것이다. 광년은 단순한 거리 표기를 넘어, 우주가 품고 있는 시간의 지층을 재는 단위다.

이제 우주의 잣대를 정리해 보자.

- AU는 우리의 좁은 동네(태양계)를 세밀하게 들여다볼 때 쓰는 줄자다.
- 광년은 별과 은하, 우주 전체의 거대한 지형도를 그릴 때 쓰는 잣대다.

상황에 맞춰 이 두 가지 도구를 번갈아 꺼낼 수만 있다면, 무의미하게 길어지는 숫자에 압도당하지 않고 우주의 스케일을 조금씩 감각적으로 더듬어볼 수 있다. 1.5억km니 하는 정확한 수치는 외우지 않아도 좋다. 태양계를 거닐 때는 AU라는 돋보기를, 은하를 굽어볼 때는 광년이라는 망원경을 든다는 사실만 기억하면 충분하다.

이제 이번 장의 제목을 다시 떠올려보자. 우주를 이해하는 최소 개념 3가지.

- 결코 변하지 않는 절대적인 나침반, 빛의 속도
- 우주를 본다는 것은 우주의 과거를 읽는 행위라는 시차의 원리
- 우주의 좁고 넓음을 재는 두 개의 잣대, AU와 광년

이 세 가지만 주머니에 단단히 챙겨두면, 앞으로 어떤 아득하고 거대한 우주 이야기를 만나도 결코 길을 잃지 않는다. 우주는 여전히 압도적으로 크지만, 이제는 우리의 상상력 안에서

충분히 유영하며 이해할 수 있는 세계가 되었다. 자, 이제 이 도구들을 쥐고 우주를 향해 조금 더 멀리, 조금 더 깊이 걸어 들어가 보자.

우리가
서 있는 동네:
지구와 가장 가까운 우주

2

# 지구에서 올려다본 하늘은
# 왜 왜곡되어 있을까?

•

## 태양과 별은 왜 움직여 보일까?

매일 아침 동쪽 지평선에서 붉게 솟아오른 태양은, 하루의 호흡을 마치고 저녁이 되면 서쪽 너머로 스러진다. 태양이 떠난 캄캄한 밤하늘에서도 무수한 별들이 조용히 떠올라 궤적을 그리며 자리를 옮긴다. 이 규칙적인 장관을 매일 목도하다 보면, 우리는 자연스럽게 이런 감각에 빠져든다. "아, 태양과 별이 우리를 중심으로 부지런히 움직이고 있구나."

하지만 익히 알고 있듯, 우주의 진실은 우리의 다정한 직관을 가볍게 배반한다. 태양이나 별이 지구를 돌며 옮겨가는 것이 아니다. 하늘이 움직이는 것처럼 보이는 이 모든 풍경은, 지구가 만들어내는 거대한 착시다. 우리가 발을 딛고 있는 이 행성은 우주 공간에 얌전히 멈춰 있는 고요한 땅이 아니다. 지구는 팽이처럼 스스로 맹렬하게 도는 '자전'을 하고 있으며, 동시에 태양이라는 거대한 모닥불 주위를 도는 '공전'을 쉬지 않고 이어가고 있다. 그런데 우리는 이 거대한 우주선에 탑승한 채 함께 움직이고 있기에, 정작 맹렬하게 회전하는 쪽이 우리 자신이라는 사실을 전혀 느끼지 못할 뿐이다.

가장 익숙한 예시부터 들여다 보자. 태양과 별이 동쪽에서 떠서 서쪽으로 지는 이유는, 하늘이 도는 것이 아니라 지구가 스스로 서쪽에서 동쪽으로 돌고 있기 때문이다. 지구가 스스로

**장노출로 촬영된 별의 궤적.**
**지구가 자전하면서 밤하늘의 별들이 한 방향으로 흐르는 선처럼 보인다.**
출처: Pixabay/EvgeniT

한 바퀴를 회전하는 데 걸리는 시간은 약 24시간. 이 부지런한 회전 덕분에 하늘 전체가 하루에 한 바퀴씩 우리 머리 위를 스쳐 지나가는 것처럼 보인다. 비유하자면, 우리는 지금 어둠 속에서 빙글빙글 돌아가는 거대한 회전목마 위에 서서, 바깥의 고정된 풍경들이 휙휙 지나가는 것을 보며 감탄하고 있는 셈이다.

밤하늘의 별들도 마찬가지다. 별들은 서로 상상조차 할 수 없을 만큼 엄청난 거리를 두고 떨어져 있어서, 인간의 짧은 생애 안에서는 눈에 띄게 자리를 옮길 수 없다. 움직이는 것은 별

장노출 사진. 지구가 자전하는 동안, 북극성 부근의 별들은 거의 움직이지 않고, 다른 별들은 원을 그리며 회전하는 궤적을 남긴다.
출처: Pixabay/akbarnemati

의 배열이 아니라 우리의 시야다. 별자리라는 밑그림은 어제나 오늘이나 변함없지만, 회전하는 지구의 창문을 통해 바라보기에 별들이 밤새 하늘을 가로지르는 것처럼 보일 뿐이다.

하지만 이 어지러운 회전목마 속에서도 유일하게 흔들리지 않는 예외가 하나 있다. 바로 북쪽 하늘을 지키는 닻, 북극성Polaris이다. 밤하늘을 오래도록 노출해 사진을 찍어보면 다른 별들은 커다란 빛의 원을 그리며 도는데, 오직 북극성만이 짐짓 그 자리에 고요히 머물러 있다. 이유는 단순하고도 절묘하다. 북극성이 우연히도 지구의 자전축이 향하는 정북방향의 연장선 위에 아슬아슬하게 놓여 있기 때문이다. 우산의 중심축을 잡고 우산을 팽그르르 돌려도 축의 끝점은 제자리에 있는 것처럼, 지구가 아무리 몸을 뒤척여도 자전축 방향에 있는 북극성은 움직임이 없는 것처럼 우리의 밤을 지켜준다.

## 하늘은 왜 계절마다 달라질까?

차가운 겨울 밤하늘과 끈적한 여름 밤하늘을 떠올려보자. 겨울에는 사냥꾼 오리온자리가 하늘 한가운데서 또렷하게 빛나지만, 여름이 되면 그 자리는 거짓말처럼 텅 비어버린다. 반대로 여름 밤하늘에는 은하수가 눈부신 띠를 두르며 나타나지만, 겨울에는 그 웅장한 모습을 찾기 어렵다. 계절이 바뀌면 하늘도 새로 바뀌는 걸까?

여기서 우리가 명심해야 할 우주의 섭리가 있다. 계절이 바

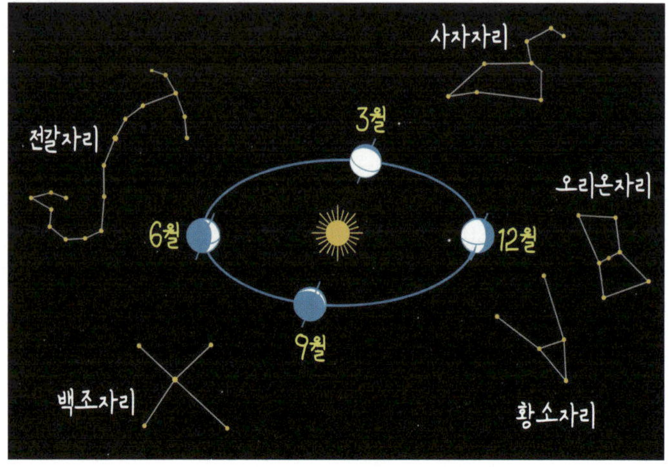



지구가 태양 주위를 공전하면서 계절에 따라
밤하늘에서 보이는 별자리 방향이 달라지는 모습

꿨다고 해서 무대 위의 별들이 퇴장하거나 새로운 별이 캐스팅 되는 것이 아니다. 별들은 수만 년 전부터 늘 그 아득한 자리에 침묵하며 떠 있었다. 달라지는 것은 오직 우리가 하늘을 내다보는 '방향'이다. 그리고 그 방향의 변화는 지구의 공전이 만들어 낸다.

지구는 1년에 한 번, 태양 주위를 크게 한 바퀴 돈다. 이 말은 곧 1년이라는 시간 동안 우리가 태양을 바라보는 각도와 서 있는 위치가 쉼 없이 바뀐다는 뜻이다. 지구에서는 낮 동안 태양이 있는 방향의 우주를 볼 수 없다. 태양의 빛이 너무 압도적으로 밝아서 그 너머의 별빛들을 덮어버리기 때문이다. 따라서 우리가 밤하늘에서 보는 별들은 언제나 태양을 등진, 정확히 반대 방향에 있는 우주의 풍경들이다. 지구가 공전 궤도를 따라

이동하면 하늘의 창문이 향하는 우주의 방향도 조금씩 틀어지고, 볼 수 있는 별자리도 자연스럽게 교대된다. 이것이 계절마다 하늘의 얼굴이 달라 보이는 핵심적인 이유다.

조금 더 실감 나게 예를 들어보자. 겨울 밤하늘에 찬란하게 빛나는 별자리들은, 사실 여름이 되면 대낮의 하늘, 즉 태양과 같은 방향에 떠 있다. 별이 사라진 것이 아니라 눈부신 태양 빛의 장막 뒤에 숨어버린 것이다. 반대로 여름밤에 은하수가 두껍고 웅장하게 보이는 이유는, 여름철 지구의 밤 창문이 우리 은하 중심부의 별이 빽빽하게 밀집된 방향을 정면으로 마주 보기 때문이다. 반면 겨울이 되면 우리는 은하의 텅 빈 바깥쪽 가장자리를 바라보게 되어 은하수가 희미해진다.

우리는 가만히 앉아서 하늘이라는 스크린이 바뀌는 것을 보는 영화관 관객이 아니다. 시속 10만 km로 태양 주위를 진주하는 거대한 우주선에 타서, 시시각각 변하는 우주의 풍경을 스쳐 지나가며 바라보고 있는 우주비행사들이다.

## 별자리는 정말 별의 무리일까?

밤하늘을 올려다보면 별들이 묘한 패턴을 이룬다. 활을 쏘는 사냥꾼, 물을 뜨는 거대한 국자, 신화 속 영웅과 야수들의 실루엣. 우리는 이런 별들의 무리를 '별자리Constellation'라 부른다. 그런데 여기서 기분 좋은 호기심이 하나 싹튼다. "저렇게 그림을 이루는 별들은, 우주 공간에서도 정말 옹기종기 모여 있을까?"

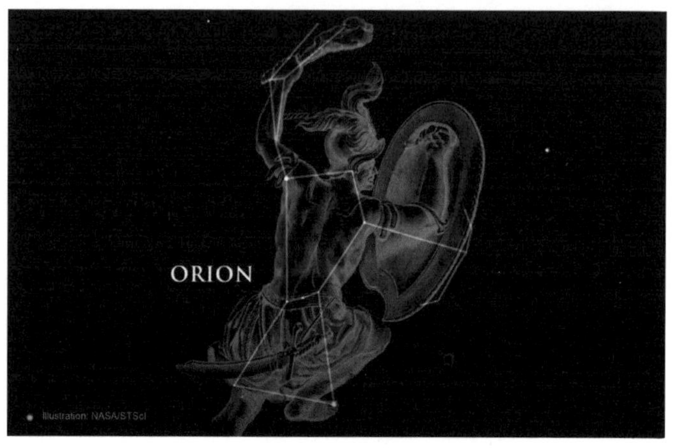



오리온자리의 별들이 어떻게 사람의 모습으로
인식되어 왔는지를 보여주는 별자리 설명 그림
출처: NASA/STScI

하늘에서 보면 별자리를 이루는 별들은 서로 닿을 듯 가깝게 모여 있다. 하지만 현실의 3차원 우주로 시점을 옮겨보면 그들은 서로 완벽한 남남이다. 어떤 별은 지구에서 불과 수십 광년 떨어져 있지만, 그 옆에서 함께 반짝이는 별은 수백 광년, 혹은 수천 광년 뒤에 아득히 물러나 있다. 우리가 보는 별자리는 이 엄청난 깊이의 차이를 가진 별들이 우연히 지구라는 한 점을 향해 겹쳐 보이면서 만들어낸 절묘한 투시도에 불과하다.

왜 이런 낭만적인 착시가 생길까? 인간의 시각으로는 우주의 아득한 거리감을 전혀 가늠할 수 없기 때문이다. 지구에서 올려다본 밤하늘은 모든 별이 반구형의 거대한 돔 안쪽 표면에 평면적으로 달라붙어 있는 것처럼 우리에게 인식된다. 우주는 3차원의 끝없는 심연이지만, 그 깊이를 분간할 수 없는 우리의

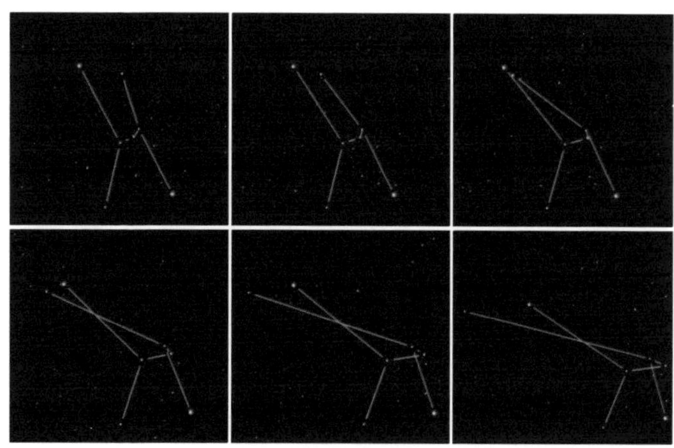

오리온자리를 이루는 별들을 3차원 공간에서
여러 시점으로 본 모습
출처: NASA/STScI, F. Summers

뇌는 이 장엄한 공간을 2차원의 끼만 캔버스로 납작하게 입축
해버린다.

그래서 별자리는 우주가 스스로 만들어낸 구조가 아니라,
두려움과 경이 속에서 하늘을 바라보던 인간이 만들어낸 해석
이다. 고대인들은 쏟아지는 별들 사이에서 길을 잃지 않고 서로
이야기를 나누기 위해, 그 빛나는 점들을 이어 의미를 부여했
다. 사냥꾼, 곰, 저울, 신화 속의 신들. 지역과 문화에 따라 같은
별을 보고도 전혀 다른 서사를 하늘에 수놓았다. 별자리는 우
주의 물리적 사실이라기보다, 인간의 지독한 상상력이 우주에
투영된 문학적 기록이다.

이 깊이의 착시를 깨닫고 나면 하늘은 전혀 다르게 보인다.
별자리는 우주의 지도가 아니라, 거대한 무질서 속에서 의미를 찾으려 했던 인간의 다정한 해석이다. 그 해석 덕분에 우리는 복잡한 하늘의 길을 외우고, 계절을 읽고, 수천 년 전의 조상들과 같은 언어로 밤하늘을 마주할 수 있게 되었다.

## 대기가 만들어내는 착시

우리는 진공의 우주 한가운데 서서 투명하게 별을 바라보는 것이 아니다. 지구에서 밤하늘을 본다는 것은, '대기Atmosphere'라는 두껍고 일렁이는 거대한 렌즈를 통해 우주를 훔쳐보는 일과 같다. 지구를 감싸고 있는 이 공기의 층은 우주에서 날아온 빛이 인간의 눈에 닿기 위해 반드시 통과해야 하는 첫 번째 관문이자 강력한 왜곡의 렌즈다.

공기는 투명해 보이지만, 그 안에는 쉴 새 없이 요동치는 공

국제우주정거장에서 촬영한 지구의 대기.
태양빛이 지구 대기를 비스듬히 통과하며, 대기층이 색띠처럼 드러난다.
출처: NASA/ISS

기 분자와 수증기, 미세한 먼지들이 가득하다. 우주의 완벽한 진공을 가로질러온 고결한 별빛은 지구의 대기에 진입하는 순간부터 이리저리 부딪히고 꺾이며 속도와 방향을 잃는다. 우리가 보는 하늘은 우주의 맨얼굴이 아니라, 지구의 숨결을 거쳐 일렁이는 물결 같은 풍경이다.

지구 대기를 통과하며 흔들리는 별빛과
'별의 깜빡임' 현상

별이 항상 반짝이는 이유도 여기에 있다. 우주 공간에서 별빛은 절대 반짝이지 않는다. 별빛이 깜빡이는 것은, 온도가 끊임없이 변하는 지구의 대기를 통과하면서 빛의 경로가 미세하게 굴절되고 흔들리기 때문이다. 얕은 냇물 속의 조약돌이 물결에 따라 일렁여 보이는 것처럼, 별빛은 대기라는 거대한 바다를 통과하며 파도치듯 떨린다. 반면 목성이나 금성 같은 행성들은 겉보기 면적이 별보다 커서 이 자잘한 흔들림이 상쇄되기에 비교적 묵직하고 고요하게 빛난다.

**일출 풍경**
출처: Pixabay/tomphgallery

대기는 천체의 위치마저 슬쩍 속인다. 붉게 타오르는 해가 지평선 아래로 막 넘어가려는 찰나를 떠올려보자. 사실 그 순간 태양의 본체는 이미 지평선 아래로 완전히 가라앉은 상태다. 하지만 두꺼운 대기층이 빛을 아래로 휘어지게 만들어, 우리는 이미 져버린 태양의 환영을 잠시 동안 더 지켜볼 수 있다. 우리가 넋을 잃고 바라보는 일출과 일몰의 장엄한 순간은, 사실 지구의 대기가 우리에게 허락한 연장된 찰나인 셈이다.

이러한 대기의 방해꾼 역할 때문에 지상의 망원경은 아무리 렌즈를 거대하게 키워도 태생적인 시력의 한계를 넘지 못한

**지구 대기 위에 떠 있는 허블 우주망원경**
출처: NASA/JPL

다. 대기의 아지랑이가 시야를 번지게 하기 때문이다. 천문학자들이 막대한 비용을 들여 허블 우주망원경이나 제임스 웹 우주망원경을 대기권 밖 우주로 쏘아 올린 이유가 바로 이 때문이다. 대기의 간섭이 없는 진공 속에서 우주의 진짜 얼굴을 마주하기 위해서다.

이 왜곡의 비밀을 이해하면 우리가 하늘을 바라보는 태도는 한층 겸허해진다. 우리는 완벽하게 투명한 우주를 보는 것이 아니다. 대기라는 두꺼운 담요를 덮고 숨을 쉬며, 행성의 조건부 허락 안에서만 조심스레 우주를 내다보고 있는 것이다.

## 우리가 맨눈으로 보는 우주의 한계

밤하늘을 올려다보면 우주는 끝없이 넓고, 별은 헤아릴 수 없이 쏟아질 듯 많아 보인다. 하지만 이 감동적인 풍경 뒤에는 우리가 쉽게 놓치는 철학적 사실이 하나 숨어 있다. 우리가 육안으로 보고 있는 우주는, 진짜 우주의 아주 미미한 티끌에 불과하다는 것이다.

세상의 모든 인공 불빛이 사라진 완벽한 칠흑의 오지에서조차, 인간이 맨눈으로 볼 수 있는 별의 수는 한 번에 대략 2,000개에서 3,000개를 넘지 못한다. 우리 은하 하나에만 수천억 개의 별이 소용돌이치고 있다는 사실을 떠올리면 이 숫자는 너무나 초라하다. 거리가 너무 멀거나, 크기가 너무 작거나, 짙은 우주 먼지 뒤에 숨어버린 수조 개의 별과 은하들은 우리 눈에 결코 닿지 못한다. 우리 눈에 밤하늘이 듬성듬성 비어 있는 것처럼 보이는 이유는 별이 없어서가 아니다. 보이지 않는 별들이 그 어두운 틈새를 빽빽하게 채우고 있음에도 우리의 시력이 그들을 감각하지 못할 뿐이다.

맨눈으로 보는 별의 색상 역시 우주의 진실과는 거리가 멀다. 우리 눈에 별들은 기껏해야 하얗거나 노란빛으로 보이지만, 우주망원경으로 들여다본 우주는 푸르게 타오르는 젊은 별과 붉게 식어가는 늙은 별들이 얽힌 찬란한 천연색의 축제다. 이러한 한계들 때문에 별의 거리도, 색상도, 깊이도 지워진 납작한 하늘의 돔 위에서 우리는 별자리를 만들고 우주를 재단해왔다.

우리가 밤하늘에서 '텅 빈 공간'이라고 느꼈던 칠흑의 점 하나를 우주망원경으로 오랫동안 응시하자, 그 작은 어둠 속에서 수천 개의 거대한 은하들이 쏟아져 나왔다. 이렇게 진실을

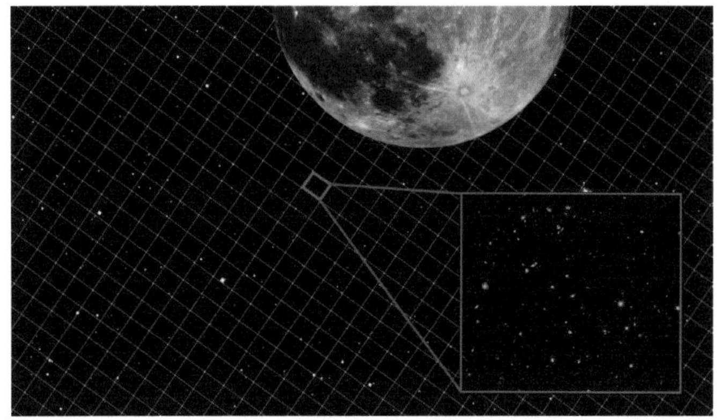

**텅 빈 것처럼 보이는 밤하늘의 한 점.**
**그러나 그 안에는 수천 개의 은하가 숨어 있다.**
출처: NASA/ESA (HubbleWebbESA)

마주하고 나면 맨눈으로 보는 우주가 몹시 불완전하고 초라해 보일지도 모른다.

하지만 그렇지 않다. 우리의 두 눈으로 직접 바라보는 밤하늘은 우주를 향해 나아가는 가장 위대한 첫 번째 관문이다. 인류는 시력의 한계와 대기의 왜곡이라는 이 지독히 제한된 조건 속에서도 하늘의 섭리를 읽어냈다. 점과 점을 이어 별자리를 만들고, 계절의 변화를 기록하며, 어둠 너머의 세계를 상상했다. 가장 발전된 현대 우주 과학의 씨앗조차 그 좁고 왜곡된 맨눈의 시선에서 잉태되었다.

가장 중요한 것은 우리의 한계를 부끄러워하거나 없애는 것이 아니라, '우리에게 한계가 있다는 사실' 자체를 아는 것이다. 내가 올려다보는 저 하늘이 우주의 전부가 아니라는 사실을 깨달을 때, 우주는 더 이상 오해와 착각의 대상이 아니라 경외와 탐구의 공간으로 다시 태어난다. 인간의 좁은 시야라는 한계 안에서도, 저 거대하고 신비로운 우주는 기꺼이 우리가 이해하고 감각할 수 있는 언어로 우리 머리 위에 찬란하게 펼쳐져 있다.

# 달:
## 가장 가까운 이웃의 모습

●

## 달의 뒷면은 왜 볼 수 없을까?

밤하늘을 올려다볼 때, 우리는 언제나 달의 같은 얼굴만을 마주한다. 손톱만 한 초승달이든, 둥글고 차오른 보름달이든, 빛이 닿는 면적에 따라 모양만 바뀔 뿐 그 표면의 얼룩덜룩한 무늬는 늘 변함이 없다. 달은 항상 같은 면을 지구로 향하고 있고, 우리는 그 고정된 얼굴에 태양 빛이 비추는 각도가 달라지는 것을 보며 '달이 차고 기운다'고 느낄 뿐이다. 그래서 우리는 흔히 이렇게 말하곤 한다. "지구에서는 달의 뒷면을 영원히 볼 수 없다"고.

달의 뒷면이 보이지 않는 이유는 달이 밤하늘에 가만히 못 박혀 있기 때문이 아니다. 오히려 달은 부지런히 움직이고 있다. 달은 팽이처럼 스스로 도는 '자전'을 하고 있으며, 동시에 지구

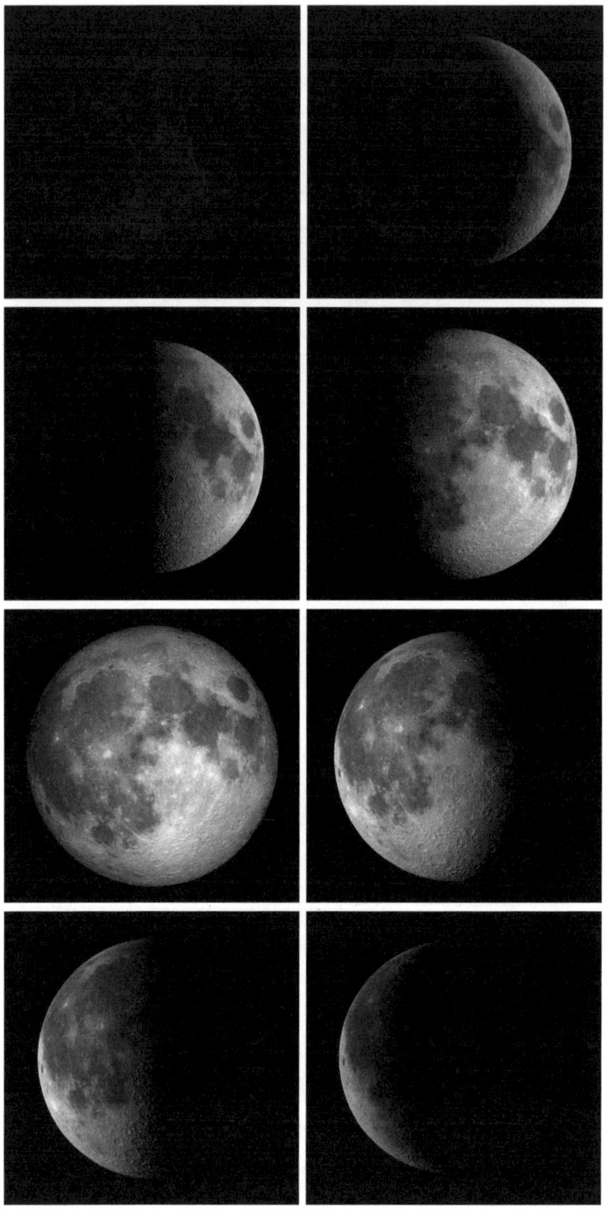

한 달 동안 달의 모양은 달라지지만, 지구에서 보이는 달의 면은 항상 같다.
출처: NASA/JPL-Caltech

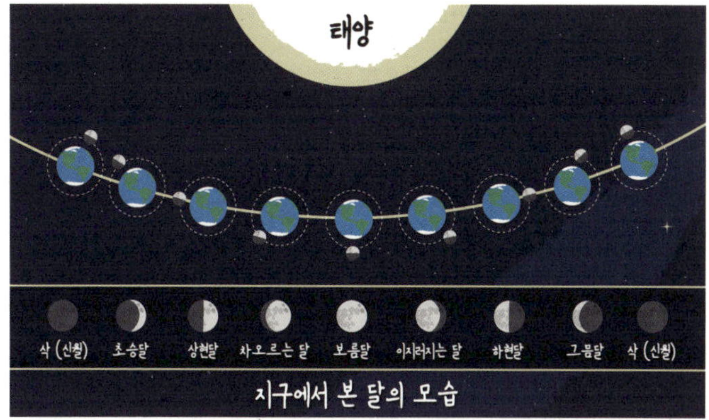



태양-지구-달의 위치 관계에 따라 지구에서 관측되는 달의 위상 변화

출처: NASA/JPL–Caltech

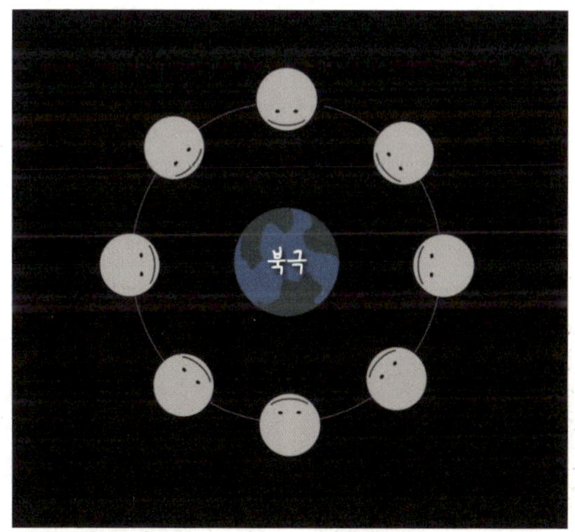



달은 지구를 한 바퀴 도는 동안 스스로도 한 바퀴 회전해,

지구를 향한 면이 항상 일정하게 유지된다.

출처: NASA Science/JPL–Caltech

주위를 맴도는 '공전'을 하고 있다. 놀라운 비밀은 이 두 가지 움직임의 속도에 숨어 있다. 달이 스스로 한 바퀴 도는 데 걸리는 시간과, 지구를 한 바퀴 도는 데 걸리는 시간이 약 27일로 완벽하게 일치한다. 자신이 회전하는 속도와 지구를 도는 속도가 같기 때문에, 달은 마치 지구를 향해 시선을 고정한 채 빙글빙글 도는 댄서처럼 언제나 같은 면만을 보여주게 된다. 천문학에서는 이 기묘한 동기화를 '조석 고정Tidal Locking'이라고 부른다.

이 완벽한 일치는 결코 우연이 아니다. 아주 까마득한 옛날, 달은 지금보다 훨씬 빠른 속도로 팽그르르 돌고 있었다. 하지만 지구의 강력한 중력이 달의 몸통을 끊임없이 잡아당기며 브레이크를 걸었다. 그 보이지 않는 마찰 속에서 달의 회전은 수십억 년에 걸쳐 점점 느려졌고, 마침내 지구를 향한 한 면이 영원히 고정되어 버린 것이다. 그러니 우리가 부르는 달의 '앞면'은 사실 '지구의 중력에 붙잡혀버린 면'이며, '뒷면'은 그저 '지구

달의 앞면(왼쪽)과 뒷면 비교(오른쪽)
출처: NASA LRO/Jatan Mehta

에서 고개를 돌린 면'일 뿐이다. 물론 우리가 볼 수 없는 그 뒷면에도 태양은 공평하게 뜨고 지며, 낮과 밤의 시간이 고요하게 흐르고 있다.

흥미로운 점은, 달의 앞면과 뒷면이 전혀 다른 삶의 흔적을 품고 있다는 사실이다.

우리가 매일 밤 바라보는 달의 앞면은 짙고 어두운 바다가 넓게 퍼져 있어 비교적 매끄럽다. 반면, 탐사선이 우주로 날아가 비로소 사진으로 담아낸 달의 뒷면은 무수한 운석 충돌로 움푹 파인 크레이터들로 처참하게 얽은 모습이었다. 이토록 극명한 차이는 달이 겪어온 지질학적 역사가 균일하지 않음을 증명한다. 과거 달의 내부가 뜨거웠을 때, 지구의 중력이 달의 얇은 지각 쪽으로 마그마를 끌어당겼다. 그 결과 뜨거운 용암이 앞면으로 흘러나와 충돌 자국들을 평평하게 덮어버린 것이다. 반면, 지질 활동이 고요했던 뒷면은 태양계 초기부터 쏟아진 우주의 폭격 자국을 수십억 년 동안 고스란히 간직하게 되었다. 지구에서 가장 가까운 천체이면서도, 달은 반세기 전 인류가 우주로 직접 날아가기 전까지 그 상처투성이의 뒷모습을 누구에게도 보여주지 않은 완벽한 미지의 세계였다.

## 달이 지구에 미치는 영향:
### 달은 매년 조금씩 멀어지고 있다

밤하늘의 달은 그저 낭만적이고 조용히 떠 있는 그림처럼 보인

달의 중력 작용으로 인해 바닷물이 이동하면서
해안에서는 주기적인 밀물(왼쪽)과 썰물(오른쪽)이 나타난다.
출처: NASA Science/National Park Service

다. 하지만 달은 우리가 의식하지 못하는 매 순간에도, 엄청난
힘으로 지구를 쥐고 흔들고 있다.

우선 가장 역동적이고 시각적인 증거는 바로 지구의 '바다'
다. 지구의 해수면은 하루에 두 번씩 차오르고 빠지기를 반복

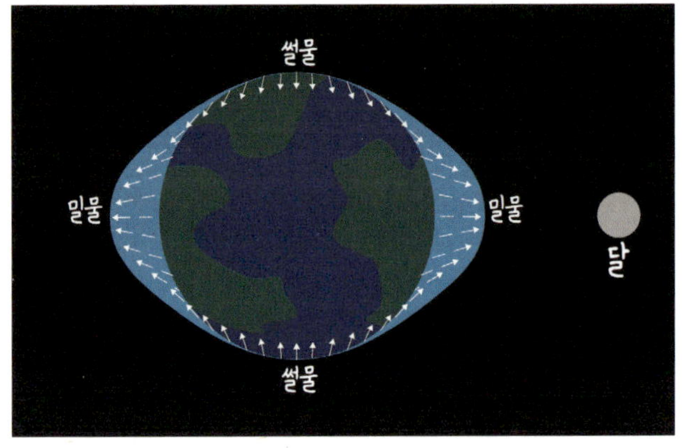


달의 중력은 바닷물을 한쪽으로만 끌어당기는 것이 아니라,
지구 전체의 물을 움직여 두 곳에서 밀물을 만든다.
출처: NASA Science/NASA·Vi Nguyen

하며 밀물과 썰물을 만든다. 이 거대한 바닷물의 호흡을 만들어내는 주역이 바로 달의 중력이다.

달은 지구보다 훨씬 작지만, 지구와 워낙 가까이 붙어 있기에 그 중력의 영향력은 지대하다. 달의 중력은 지구의 바닷물을 젤리처럼 잡아당긴다. 달을 정면으로 마주 보는 쪽의 바닷물이 부풀어 오르고, 원심력에 의해 지구 반대편의 바닷물도 함께 부풀어 오른다. 이 팽팽한 힘의 균형 속에서 지구가 스스로 자전함에 따라, 하루에 두 번씩 해안가에 밀물과 썰물이 밀려드는 것이다.

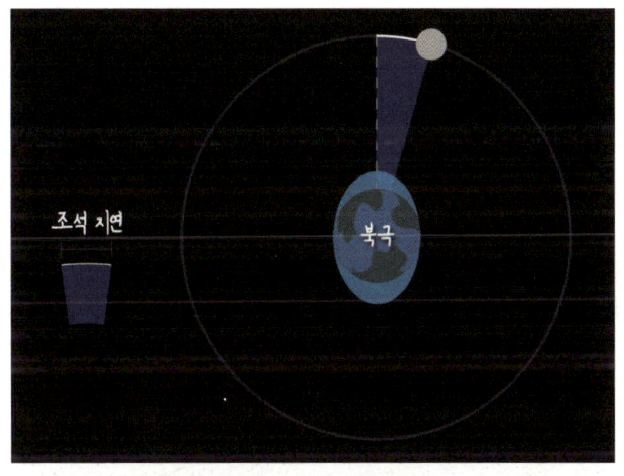


달의 중력으로 조석이 형성되지만,
지구의 빠른 자전 때문에 실제 밀물은 달보다 앞서 나타난다.
출처: NASA Science/NASA·Vi Nguyen



하지만 이 바다의 움직임에는 아주 미세하고도 치명적인 어긋남이 숨어 있다. 지구는 하루(24시간) 만에 스스로 한 바퀴를 돌지만, 달은 지구를 도는 데 한 달(약 27일)이나 걸린다. 즉, 지구의 자전 속도가 달의 공전 속도보다 훨씬 빠르다. 이 속도 차이 때문에, 부풀어 오른 바닷물(밀물)은 달이 당기는 위치보다 항상 지구의 자전 방향을 따라 조금 더 앞서나가게 된다. 이 미묘하게 엇나간 바닷물의 덩어리가 달을 앞으로 끌어당기는 일종의 '중력 새총' 역할을 한다. 이 과정에서 지구의 회전 에너지가 바다의 마찰을 거쳐 달에게 아주 조금씩 넘어간다.

그 결과 어떤 일이 벌어질까? 에너지를 빼앗긴 지구의 자전 속도는 아주 미세하게 느려지고 있다. 우리의 하루는 억겁의 세월에 걸쳐 서서히 길어지는 중이다. 반대로 지구의 에너지를 건

아폴로 11 미션 당시 달에 설치된 레이저 거리 측정 반사경

출처: NASA/Apollo 11, DVIDS

네받은 달은 원심력이 커져, 조금씩 더 먼 궤도로 물러나고 있다. 측정 결과, 달은 매년 약 3.8cm씩 지구에서 멀어지고 있다. 손톱이 자라는 속도만큼 아주 느리고 고요한 이별이다. 하루나 한 달 단위로는 결코 체감할 수 없지만, 이 이별은 추측이 아니라 지금 이 순간에도 명백하게 관측되고 있는 우주의 현실이다.

과학자들이 3.8cm라는 미세한 수치를 확신할 수 있는 근거는 뭘까? 바로 아폴로 탐사 당시 우주비행사들이 달 표면에 조용히 내려놓고 온 '레이저 반사경' 덕분이다. 이 거울에 지구에서 강력한 레이저를 쏘고, 빛이 달에 부딪혀 되돌아오는 시간을 정확히 재어 거리를 밀리미터 단위로 계산해 내는 것이다.

하지만 멀어지는 달을 아쉬워하기 전에, 우리가 달에게 빚지고 있는 가장 큰 은혜를 기억해야 한다. 달의 중력은 지구의 자전축을 꽉 붙잡아주는 든든한 '닻'의 역할을 한다. 지구의 자전축은 똑바로 서 있지 않고 23.5도 비스듬히 기울어져 있다. 이 절묘한 기울기 덕분에 지구에는 아름다운 사계절이 존재한다. 만약 달이라는 무거운 추가 곁에서 중력으로 중심을 잡아주지 않았다면, 지구의 자전축은 팽이처럼 요동쳤을 것이다. 극단적으로 변하는 기후 속에서 생명체는 제대로 번성하기조차 어려웠을지 모른다. 달은 그저 밤하늘을 밝히는 가로등이 아니다. 말없이 지구를 끌어당기며 우리의 계절을 지켜주고 생명의 요람을 유지해 준, 가장 조용하고 위대한 파수꾼이다.

# 인간은 왜 다시 달에 가려 하는가?

1969년 7월 20일, 인류는 마침내 지구의 중력을 이겨내고 잿빛 달 표면 위에 첫발을 내디뎠다. 이후 몇 차례 더 달을 방문해 월석을 주워 오고 지질을 분석하며 우리는 달의 비밀을 캐냈다. 당시 아폴로 계획의 동력은 "우리가 저곳에 갈 수 있는가?"라는 불가능에 대한 도전이자 냉전 시대의 경쟁이었다. 깃발을 꽂고 발자국을 남긴 인류는 성취감과 함께 미련 없이 달에서 등을 돌렸고, 우주 탐사의 시선은 화성과 더 깊은 심우주로 옮겨 갔다.

**인류 최초의 달 착륙 - 아폴로 11 (1969)**
출처: NASA/Apollo 11

그런데 반세기가 흐른 지금, 인류는 거대한 자본과 최첨단 기술을 모아 다시 달을 향해 짐을 꾸리고 있다. 일회성 방문이 아니라, 아예 뼈를 묻을 베이스캠프를 짓겠다는 야심 찬 계획을 세우고 있다. 어차피 메말라버린 죽은 땅, 이미 반세기 전에 다녀온 그곳에 우리는 왜 다시 막대한 비용을 들여 돌아가려는 걸까?

그 답은, 인류가 우주를 바라보는 목적이 완전히 달라졌기 때문이다. 과거의 달이 '인간 한계의 증명'이었다면, 지금의 달은 우주로 더욱 깊이 나아가기 위한 '가장 현실적인 정거장'이다. 지구를 벗어난 우주는 인간의 낭만을 가차 없이 부수는 가혹한 공간이다. 치명적인 우주 방사선이 쏟아지고, 대기는 없으며, 낮과 밤의 온도는 수백 도씩 변한다. 인류가 화성이나 더 먼 행성으로 나아가기 위해서는, 장기간 우주에 체류하며 생존할 수 있는 기술을 반드시 검증해야 한다. 달은 지구에서 고작 3일이면 닿을 수 있고 여차하면 구조선을 띄울 수도 있는, 가장 완벽

달 남극(왼쪽)과 북극(오른쪽) 지역에서 확인된 표면 얼음 분포 지도
출처: NASA/JPL-Caltech

한 실험실이다. 인류는 달에서 거주 모듈을 짓고, 우주복의 내구성을 시험하며, 생명 유지 시스템을 다듬을 것이다.

물론 달은 단순한 시험장을 넘어, 심우주 탐사를 위한 '주유소'로서의 가치도 지니고 있다. 최근 탐사 결과, 영원히 그림자가 지는 달의 극지방 크레이터 깊숙한 곳에 엄청난 양의 얼음(물)이 존재한다는 사실이 밝혀졌다. 이 얼음을 녹이면 우주비행사의 식수가 되고, 이를 분해하면 생존을 위한 산소와 로켓의 연료인 수소를 얻을 수 있다. 지구의 무거운 중력을 뚫고 연료를 실어 나를 필요 없이, 달에서 직접 연료를 채워 화성으로 향하는 전초기지를 세울 수 있게 된 것이다.

나아가, 달의 뒷면은 순수한 우주의 목소리를 듣기 위한 가장 완벽한 관측소다. 우리가 사는 지구는 결코 조용한 행성이 아니다. 라디오, TV, 휴대전화, 군사 레이더 등에서 뿜어져 나오는 인공 전파들이 쉴 새 없이 지구를 덮고 우주로 흘러나간다. 이 극심한 전파 공해는 우주 심연에서 날아오는 아주 미약하고 오래된 별들의 속삭임을 모두 덮어버린다. 하지만 지구를 등지고 있는 달의 뒷면은, 지구의 모든 소음을 완벽하게 차단해 주는 수천 킬로미터 두께의 거대한 천연 차단막이다. 이 고요한 달의 뒷면에 전파 망원경을 세우면, 우리는 빅뱅 직후 우주가 내지른 첫 울음소리까지도 선명하게 들을 수 있게 된다.

지금 인류는 달을 정복하려는 것이 아니다. 그 척박한 땅에 조심스레 '머물고자' 하는 것이다. 깃발을 꽂고 돌아오던 과거의 영광을 좇는 것이 아니라, 지구라는 요람을 떠나 우주라는 거친 바다로 나아가기 위해 가장 가까운 징검다리를 두드리고 있는 것이다.

달은 인간에게 허락된 첫 번째 우주의 경계선이다. 지구를 떠났지만, 아직 지구의 품을 완전히 벗어나지 않은 아득하고도 다정한 자리. 그 차가운 잿빛 경계선 위에서, 인류는 가장 위대하고 담대한 다음 발걸음을 숨죽여 준비하고 있다.

태양계의 이웃들:
우리가 사는 집의 진짜 모습

3

# 지옥과 얼음의 세계:
## 수성 · 금성 · 화성

●

## 태양에 너무 가까운 수성

수성은 태양계에서 태양의 화염을 가장 맨 앞에서 마주하는 불운한 파수꾼이다. 태양을 평균 약 5,800만 km 거리에서 도는데, 이는 지구와 태양 사이 거리의 3분의 1에 불과하다. 이 압도적인 거리의 폭력이 수성의 거의 모든 가혹한 운명을 결정짓는다.

태양 빛이 쏟아지는 수성의 낮 표면 온도는 430℃까지 치솟는다. 그 어떤 행성보다 맹렬한 태양의 복사열을 정면으로 받아내며 표면의 암석이 펄펄 끓어오른다. 하지만 놀랍게도 수성은 태양계에서 '가장 뜨거운' 행성은

**태양빛을 받은 수성의 반구 모습**
출처: NASA/JPL-Caltech

**수성의 표면을 스치듯 내려다본 모습**
출처: NASA/JPL-Caltech

아니다. 1인자의 자리를 내어준 이유는 역설적이게도 수성에 열을 품어둘 '대기'가 없기 때문이다.

지구의 대기는 낮 동안 태양 빛으로 데워진 온기를 우주로 곧장 빼앗기지 않도록 붙잡아두는 다정한 이불이다. 그래서 지구는 밤이 되어도 기온이 곤두박질치지 않는다. 하지만 수성에는 이 이불이 없다. 대기가 거의 없기에, 태양 빛을 받으면 표면이 달아오르지만 태양이 등 뒤로 숨는 순간 그 열기는 우주로 빠져나간다. 그 결과 수성의 밤은 영하 170℃까지 얼어붙는다. 낮에는 납을 녹일 듯 끓어오르고, 밤에는 모든 것을 얼려버리는 영하의 심연. 하루 사이에 무려 600℃가 널뛰는 이 극단적인 온도 차이는 수성을 태양계에서 가장 잔인한 형벌의 땅으로 만든다.

이 극단적인 환경은 수성의 기묘한 시간 감각 때문에 한층

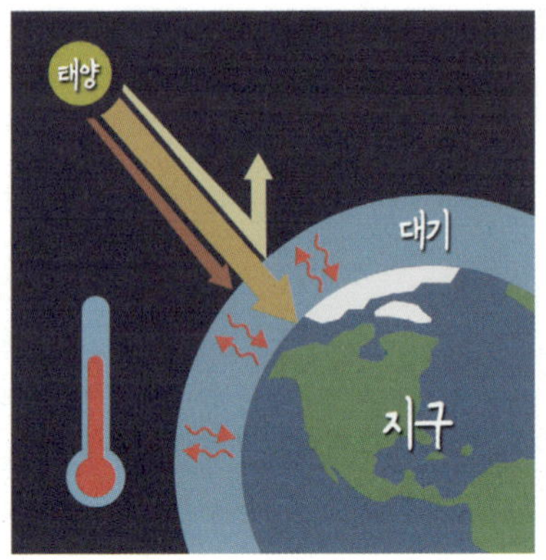

태양빛이 지구 대기에 흡수·반사되며 지구를 따뜻하게 만드는 과정
출처: NASA/JPL-Caltech

더 혹독해진다. 수성은 스스로 팽그르르 도는 자전 속도가 숨이 막힐 정도로 느리다. 수성에서 태양이 한 번 뜨고 지는 데 걸리는 시간은 지구의 시계로 무려 176일이나 된다. 한 번 낮이 시작되면 끝없이 타오르고, 한 번 밤이 시작되면 영원처럼 얼어붙는다.

극심한 온도 변화와 내부 수축으로 인해 갈라진 수성의 표면 지형
출처: NASA/JPL-Caltech

이 지독한 일교차는 수성의 표면을 끊임없이 파괴한다. 표면의 암석이 낮에는 고열에 비틀리며 팽창하고, 밤에는 극저온에 수축하며 비명을 지른다. 이 고문 같은 수축과 팽창이 수십억 년간 반복되며 수성의 표면은 깊게 갈라지고 부서져 내렸다. 수성의 거친 얼굴에는 이 가혹한 세월의 주름이 흉터처럼 선명하게 남아 있다.

실제 크기 비율에 맞춰 나란히 배치한 달(왼쪽)과
수성(오른쪽)의 표면 모습 비교
출처: NASA/JPL-Caltech

멀리서 바라본 수성의 얼굴은 우리의 달을 무척이나 닮았다. 수많은 운석 충돌로 움푹 파인 분화구들이 표면을 빼곡히 덮고 있다. 이는 수성의 심장이 일찌감치 식어버려 지질 활동이 멈췄다는 뜻이다. 지구처럼 화산이 폭발하거나 지각판이 움직여 과거의 흉터를 새 살로 덮어주지 못한다. 한 번 생긴 상처는 영원히 지워지지 않고, 시간은 그 위에 새로운 상처만을 덧입힌다. 그래서 수성은 태양계의 폭력적이었던 초기 모습을 고스란

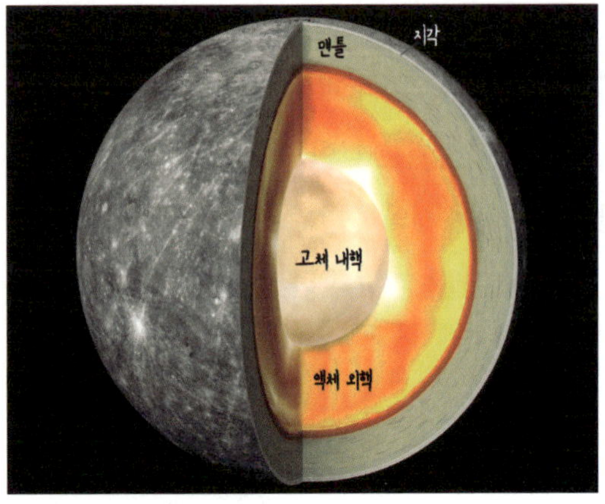



**수성의 내부 구조 단면도**
출처: NASA Goddard Space Flight Center

히 간직한, 늙고 지친 화석 같은 행성이다.

　수성의 내면을 들여다보면 더욱 기괴하다. 수성은 크기에 비해 중심부의 '핵'이 유난히 거대하다. 지구의 핵이 전체 부피의 15% 남짓인 데 반해, 수성은 지름의 절반 이상, 부피의 60%가 철로 된 무거운 금속 핵으로 꽉 차 있다. 마치 얇은 사과 껍질 안에 거대한 쇠구슬이 들어 있는 형국이다. 어쩌다 이렇게 기형적인 행성이 되었을까? 유력한 가설에 따르면, 수성은 과거에 지금보다 훨씬 거대한 행성이었다. 하지만 태양계 초기의 혼돈 속에서 거대한 천체와 끔찍하게 충돌했고, 그때 가벼운 바깥쪽 암석 껍질(맨틀)이 우주로 몽땅 뜯겨 나갔다는 것이다. 지금 우리가 보는 수성은, 껍질을 잃고 헐벗은 채 태양 곁을 맴도는 행성의 금속 심장일지도 모른다.

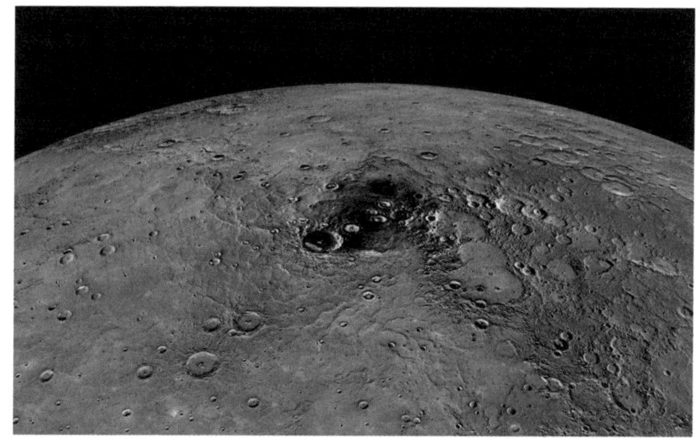

**수성 북극 지역의 영구 음영 분화구와 물 얼음 분포**
출처: NASA/JHUAPL/Carnegie Institution (MESSENGER)

이 발가벗겨진 행성을 태양마저 가만두지 않았다. 태양에서 끊임없이 뿜어져 나오는 고에너지 입자의 폭풍, 즉 '태양풍'이 수성을 쉴 새 없이 때렸다. 이 맹렬한 우주의 바람을 정면으로 맞은 수성에는 안정적인 대기 대신, '외기권Exosphere'이라 불리는 앙상한 기체층만 남았다. 태양풍이 수성 표면을 때릴 때마다 암석에서 원자들이 튕겨 올라와 잠시 허공에 머물다 우주로 흩어질 뿐이다. 수성의 하늘은 방패가 아니라, 매 순간 부서지고 흩어지는 덧없는 먼지에 가깝다.

그런데 이 펄펄 끓는 태양 곁의 지옥에서, 천문학자들은 가장 비현실적인 기적을 발견했다. 수성의 양극 지방 깊은 분화구 안쪽에 얼음이 존재한다는 사실이다. 자전축이 거의 기울어지지 않은 수성의 극지방에는 수십억 년 동안 단 한 번도 태양

빛이 닿지 않은 영원한 음영 지역이 있다. 그곳의 온도는 영하 200℃ 아래로 유지되며, 혜성들이 싣고 온 물이 얼어붙어 긴 세월 동안 고스란히 보존될 수 있었다.

태양의 화염을 맨몸으로 견디는 불지옥 행성의 가장 깊은 어둠 속에 영원히 녹지 않는 얼음이 숨어 있다니. 이 압도적인 모순이야말로 우주가 품고 있는 신비의 극치다. 대기도, 완충 장치도 없이 잔인한 운명에 내던져진 태양계의 첫 번째 행성 수성은, 이렇게 불과 얼음이 공존하는 가장 기괴하고 외로운 세계가 되었다.

## 금성은 왜 지옥이 되었을까?

밤하늘에서 달 다음으로 밝게 빛나는, 흠잡을 데 없이 아름다운 보석. 비너스의 이름을 물려받은 이 행성은 겉으로 보기에 우리의 지구와 너무나 닮아 있었다. 크기와 질량, 암석으로 이루어진 구조까지 흡사해 한때 인류는 금성을 '지구의 쌍둥이'라 부르며 그 짙은 구름 아래에 생명이 넘치는 열대우림이 숨어 있을지도 모른다고 낭만적인 상상을 품었다.

하지만 과학의 눈으로 그 구름의 장막을 걷어냈을 때, 인류가 마주한 진실은 태양계에서 가장 끔찍하고 숨 막

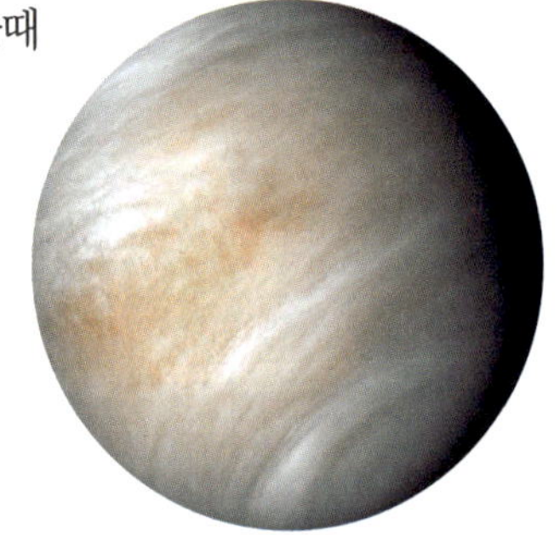

**마리너 10호가 촬영한 금성의 모습**
출처: NASA/JPL (Mariner 10)

소련의 베네라 13호 탐사선이
1982년 금성 표면에 착륙해 촬영한 실제 사진
출처: Venera 13 Lander, USSR/Image courtesy of NASA

히는 불지옥이었디. 태양에서 수성 다음으로 떨어져 있음에도 불구하고, 금성의 표면 온도는 약 460℃로 태양계 전체 1위를 차지한다. 낮과 밤의 구분도, 적도와 극지방의 차이도 없이 행성 전체가 펄펄 끓는 거대한 용광로다.

수성을 제치고 가장 뜨거운 행성이 된 원인은 태양과의 거리가 아니라 바로 '대기'에 있었다. 금성의 대기는 96%가 묵직한 이산화탄소로 가득 차 있다. 이 대기의 두께와 밀도는 지구와는 차원을 달리하여, 금성 표면은 지구 해수면 대기압의 무려 90배에 달하는 끔찍한 압력에 짓눌려 있다. 이 짙고 무거운 이산화탄소 이불은 태양에서 쏟아진 열기를 스펀지처럼 빨아들이고는 절대 우주로 내어주지 않는다. 열이 들어오기만 하고 빠져나가지 못하는 현상, 바로 '온실효과Greenhouse Effect'다. 물론

두꺼운 대기가 태양 에너지를 가두는 금성의 극단적인 온실효과

지구에도 온실효과는 존재하며, 덕분에 생명이 살 수 있는 온기가 유지된다. 하지만 금성에서는 이 효과가 통제 불능의 상태로 폭주해버렸고, 행성을 영원히 식지 않는 압력솥으로 만들어버렸다.

비극적인 사실은, 과거의 금성에도 바다와 비가 내리는 시절이 있었을 것이라는 점이다. 태양계 초기, 태양의 빛이 지금보다 희미했을 때 금성 표면에는 찰랑거리는 물이 액체 상태로 존재했을 가능성이 농후하다. 하지만 수십억 년이 흐르며 태양이 서서히 밝고 뜨거워지자 금성의 온도는 돌이킬 수 없는 임계점을 넘어버렸다. 따뜻했던 바다는 끓어올라 증발하기 시작했고, 거대한 수증기가 되어 하늘로 솟아올랐다. 수증기는 이산화탄소보다 훨씬 강력한 온실 기체다. 대기에 수증기가 짙어질수록 금성은 더 뜨거워졌고, 뜨거워질수록 바다는 더 맹렬하게 증발했다. 이 '폭주하는 온실효과' 속에서 금성은 표면을 식혀줄 유일한 희망인 물을 모두 우주로 날려 보냈다. 지구는 바다와 대기가 열의 균형을 맞추며 생명을 품었지만, 금성은 그 섬세한 균형이 철저히 무너져 내린 것이다.

놀랍게도 지금의 금성에서도 비가 내린다. 하지만 그것은 대지를 적시는 생명의 비가 아니라, 황산으로 이루어진 맹독성의 산성비다. 금성 하늘을 빽빽하게 덮고 있는 옅은 노란색 구름의 정체는 수증기가 아니라 미세한 황산 방울이다. 이 두꺼운 황산 구름에서 쉴 새 없이 끔찍한 비가 쏟아지지만, 땅에는 단 한 방울도 닿지 않는다. 460℃에 달하는 지표면의 열기 때문에 빗방울이 바닥에 닿기도 전에 허공에서 모두 끓어 증발해 버리기 때문이다. 하늘에서는 산성비가 내리고 땅은 불타고 있는,

소련의 금성 착륙선 베네라 13호가 직접 촬영한 실제 지표면 사진.
고온·고압 환경으로 인해 하늘은 노란빛을 띠며, 바위와 암석으로 이루어진
거친 금성 표면과 착륙선의 일부 구조물이 함께 보인다.
출처: Soviet Venera 13 lander, courtesy of NASA/
Russian Academy of Sciences

소련의 금성 착륙선 베네라 14호가
금성 표면에 착륙한 뒤 촬영한 실제 지표면 사진.
출처: Venera 14 Lander Image, USSR (1982), courtesy of NASA/
Russian Academy of Sciences

문자 그대로 악마적인 풍경이다.

지구의 심해 900m와 맞먹는 90기압의 짓누름, 그리고 납을 녹이는 460℃의 고열. 어떤 인간도, 어떤 최첨단 보호복도 이 환경을 맨몸으로 버텨낼 수 없다. 탐사선이라고 예외는 아니다. 1970~80년대, 소련은 이 지옥의 민낯을 확인하기 위해 '베네라Venera' 탐사선들을 결연하게 쏘아 올렸다. 기적적으로 착륙에 성공한 탐사선들은 티타늄 장갑으로 무장했음에도 불구하고, 이 잔인한 고온과 고압에 짓눌려 대부분 1시간을 버티지 못했다. 가장 오래 버틴 베네라 13호조차 127분 동안 겨우 몇 장의 노란빛 지표면 사진을 지구로 전송한 뒤, 전자 장비가 녹아내리고 껍데기가 찌그러지며 장렬하게 파괴되었다. 금성은 잠시 발을 디딜 수는 있어도 결코 머무를 수는 없는, 절대적인 죽음의 땅이었다.

이 기괴한 행성은 도는 방식마저 삐딱하다. 다른 행성들과 반대 방향(동에서 서)으로 돌며, 스스로 한 바퀴 도는 데 지구의

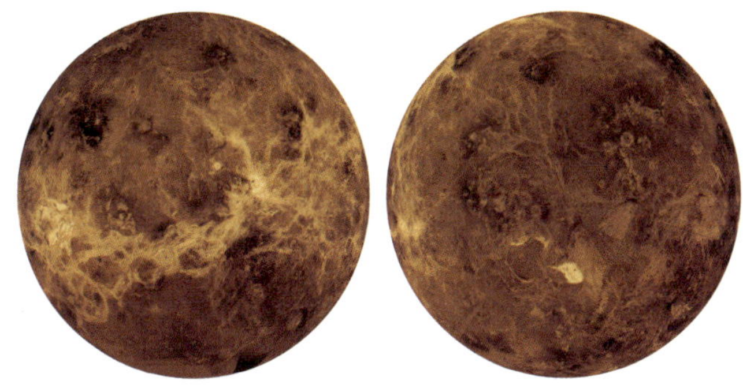

레이더 관측으로 재구성한 금성의 전역 표면 지도
출처: NASA/JPL-Caltech (Magellan Mission)

시간으로 무려 243일이나 걸린다. 하지만 이토록 느린 자전에도 불구하고 밤이 깊어지지 않는다. 두꺼운 대기가 열풍을 행성 전체로 미친 듯이 순환시키며 낮과 밤의 구분마저 지워버렸기 때문이다.

금성은 태양계에서 가장 비극적인 서사를 가진 행성이다. 태양과 무작정 가까워서 지옥이 된 것이 아니다. 지구와 닮은 환경에서 출발했으나, 대기와 물의 미세한 톱니바퀴가 엇갈리며 균형을 잃었기 때문에 지옥이 된 행성이다. 밤하늘에서 눈부시게 빛나는 금성의 겉모습 속에는, 행성의 균형이 무너졌을 때 어떤 처참한 결말이 기다리고 있는지를 보여주는 섬뜩한 경고장이 숨겨져 있다.

# 화성은 왜 지구와 닮아 보일까?

칠흑 같은 우주를 배경으로 붉게 빛나는 화성을 멀리서 바라보면, 묘하게도 우리의 푸른 지구를 떠올리게 하는 구석이 있다. 극지방에는 하얀 눈을 연상시키는 얼음관이 씌워져 있고, 시간에 따라 계절이 바뀌며 표면의 풍경도 미세하게 호흡하듯 변한다. 그렇다면 화성은 정말 지구의 붉은 거울일까?

**화성 상공에 형성된
흰색 물얼음 구름의 모습**
출처: NASA/JPL/MSSS

겉모습만 놓고 보면 어느 정도는 사실이다. 화성과 지구는 모두 단단한 암석으로 이루어진 형제 행성이다. 화

**화성 마워스 발리스 지역의 고대 강바닥 흔적.
과거 강이 흐르며 자갈과 암석이 쌓인 강바닥이 굳어진 뒤,
주변 지형이 침식되면서 오히려 강바닥이 능선처럼 남았다.**
출처: NASA/JPL-Caltech/University of Arizona

바람으로는 이동할 수 없는 크기의 암석들이 골짜기를 따라
분포해 있는 것으로 보아, 과거에 강한 물흐름이 존재했음을 보여준다.
출처: NASA/JPL-Caltech/MSSS

성의 붉은 피부 위에는 에베레스트를 비웃는 거대한 화산과 광활한 평원, 지구의 그랜드 캐니언을 압도하는 흉터 같은 깊은 계곡이 새겨져 있다. 이 웅장한 지형들은 화성 역시 과거에 심장이 뜨겁게 뛰고 지질 활동이 격렬했던, 살아있는 행성이었음을 증명한다. 태양계 전체를 통틀어 이토록 다채롭고 지구와 쏙 빼닮은 지형을 가진 행성은 오직 화성뿐이다.

하지만 화성이 우리를 그토록 애타게 만드는 진짜 이유는 현재의 붉은 모래가 아니라, 그 모래 아래 숨겨진 '과거의 푸른 흔적' 때문이다.

화성의 표면 곳곳에는 과거에 액체 상태의 물이 풍부하게 흘렀던 흔적이 화석처럼 선명하게 남아 있다. 피가 빠져나간 정맥처럼 구불구불하게 말라붙은 강줄기, 강물이 거대한 호수로 흘러들며 토사를 부채꼴로 쌓아놓은 삼각주 지형, 그리고 층층이 쌓인 퇴적암들이 탐사선들의 카메라에 고스란히 포착되었

화성 제제로 분화구에 형성된 고대 삼각주 지형.
오래 전, 강이 분화구 내부의 호수로 흘러들며 암석과 퇴적물을 쌓아
형성된 것으로 해석된다.
출처: NASA/JPL-Caltech/ASU/MSSS

다. 이 지형들이 결정적인 이유는, 우주의 마구잡이식 운석 충
돌이나 메마른 바람만으로는 절대 빚어낼 수 없는 형태이기 때
문이다. 강줄기는 중력의 법칙을 따라 부드럽게 굽이쳐 흐르고,
삼각주는 물결이 느려지며 입자가 고운 흙이 가라앉을 때만 만
들어진다.

퍼서비어런스 로버가 화성 표면의 암석을 드릴로 뚫어 시료를 채취하는 모습
출처: NASA/JPL-Caltech/MSSS

퍼서비어런스 로버가 화성 암석을 드릴로 뚫어 채취한 뒤 남은 자국
출처: NASA/JPL-Caltech/MSSS

퍼서비어런스 로버가 화성에서 채취한 암석 시료.
출처: NASA/JPL-Caltech/MSSS

최근 화성 표면에 내려앉은 NASA의 '큐리오시티Curiosity'와 '퍼서비어런스Perseverance' 탐사 로버는 이 고대 호수 바닥의 암석을 직접 뚫고 들어가 흙을 보았다. 분석 결과, 오직 물속에서만 안정적으로 만들어지는 점토와 광물들이 대거 발견되었다. 이는 화성에 얼음이나 찰나의 홍수만 있었던 것이 아니라, 아주 오랜 세월 동안 강이 흐르고 호수가 찰랑거리던 따뜻하고 습한 시기가 존재했다는 명백한 증거다. 물이 흘렀다는 것은 곧 화성의 대기가 지금보다 훨씬 두껍고 포근했으며, 기온 역시 생명을 품을 만큼 따뜻했다는 뜻이다. 아주 먼 옛날, 화성은 붉은 사막이 아니라 지구와 비슷한 조건의 기적을 잉태하고 있던 '제2의 푸른 별'이었을지도 모른다.

지구와 화성을 실제 크기 비율로 비교한 모습.
출처: NASA/Galileo Mission, Mars Global Surveyor/JPL

하지만 그 찬란했던 가능성에도 불구하고, 두 행성의 운명을 극명하게 갈라놓은 결정적인 차이가 있었다. 바로 '크기'다. 화성은 지구 지름의 절반 남짓에 불과할 정도로 덩치가 작다.

이 작은 몸집은 행성의 운명에 치명적인 비극을 불러왔다. 크기가 작으니 중력이 약했고, 중력이 약하니 자신을 덮고 있는 대기의 이불을 꽉 움켜쥘 힘이 부족했다. 행성의 중력은 허공의 기체들을 도망가지 못하게 끌어안는 보이지 않는 팔이다. 화성처럼 덩치가 작은 행성에서는 공기 분자들이 조금씩 허공으로 새어 나가기 십상이다.

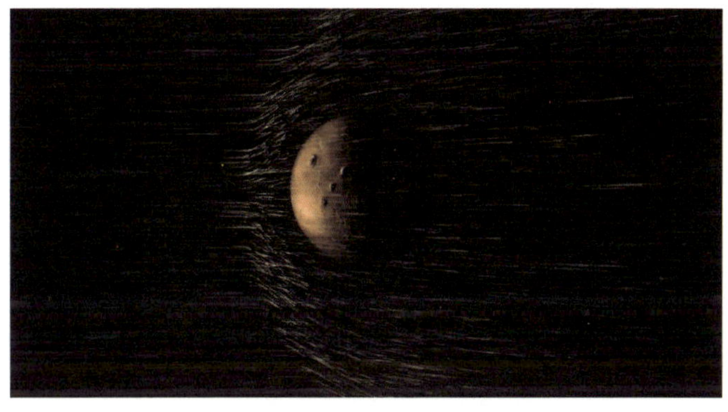

화성의 자기장이 약화된 이후,
태양풍이 행성 상층 대기를 직접 침식하는 모습을 나타낸 시각화 이미지.
출처: NASA/Goddard Space Flight Center



여기에 화성의 숨통을 끊어놓은 또 하나의 결정적 상실이 더해진다. 바로 '자기장'의 죽음이다. 지구는 행성 내부의 뜨거운 핵이 회전하며 만들어내는 강력한 자기장 방패를 두르고 있다. 이 보이지 않는 방패 덕분에 태양에서 불어오는 맹렬한 고에너지 태양풍을 튕겨내며 대기를 지켜낸다. 화성 역시 아주 먼 옛날에는 이 자기장을 가지고 있었다. 하지만 덩치가 작은 탓에 화성 내부의 열은 지구보다 훨씬 일찍 차갑게 식어버렸다. 발전기가 멈추자 자기장 방패는 흔적도 없이 사라졌고, 무방비 상태가 된 화성 대기에 무자비한 태양풍이 직접 들이닥쳤다.

붙잡는 중력은 약하고 막아줄 방패마저 사라진 화성의 하늘은 속절없이 우주로 뜯겨 나갔다. 대기가 얇아지자 행성의 열기는 급격히 우주로 빠져나갔고, 표면에서 찰랑거리던 바다와 강물은 끓어올라 우주로 증발하거나 영원한 얼음이 되어 지하로 숨어버렸다.

오늘날 화성의 붉은 하늘을 덮고 있는 대기는 지구의 1%도 채 되지 않는다. 기압이 너무 낮아 물을 컵에 따라놓아도 곧바로 끓어 증발해 버리거나 꽁꽁 얼어붙는다. 결국 화성은 모든 생기를 잃고 붉게 녹슬어버린 차가운 사막이 되었다. 그럼에도 우리가 화성을 보며 지구를 떠올리는 이유는, 화성이 지구가

큐리오시티 로버가 화성 게일 분화구에서 촬영한 파노라마 이미지.
오늘날에는 건조하고 황량한 모습이다.
출처: NASA/JPL-Caltech

될 수도 있었던 눈부신 잠재력을 가졌던 행성이기 때문이다. 화성의 메마른 표면은 우리에게 묵직한 진실을 속삭인다. 행성의 낭만적인 운명은 결코 영원히 보장된 것이 아니며, 크기와 자기장이라는 아주 작은 조건의 차이가 완벽한 죽음의 세계를 만들어낼 수 있다는 것을 말이다.

## 인간은 왜 화성에 집착하는가

태양계의 수많은 천체 중에서도, 유독 화성을 향한 인류의 짝사랑은 집요하고 맹렬하다. 지금까지 인류는 우주의 험난한 바다를 건너 화성으로 50번이 넘게 탐사선을 쏘아 올렸다.

**화성 표면을 탐사 중인 NASA의 큐리오시티 로버**
출처: NASA/JPL-Caltech

**화성 표면에 착륙한 NASA의 인사이트 착륙선.**
출처: NASA/JPL-Caltech

궤도를 맴도는 위성, 붉은 먼지 위에 내려앉은 착륙선, 그리고 사막을 홀로 달리는 로버까지. 어떤 탐사선은 차가운 우주 미아로 사라졌고, 어떤 탐사선은 착륙의 순간 붉은 모래에 처박혀 영영 통신이 끊어지기도 했다. 그럼에도 불구하고 인류의 도전은 멈추지 않았다. 미국과 러시아의 자존심 싸움으로 시작된

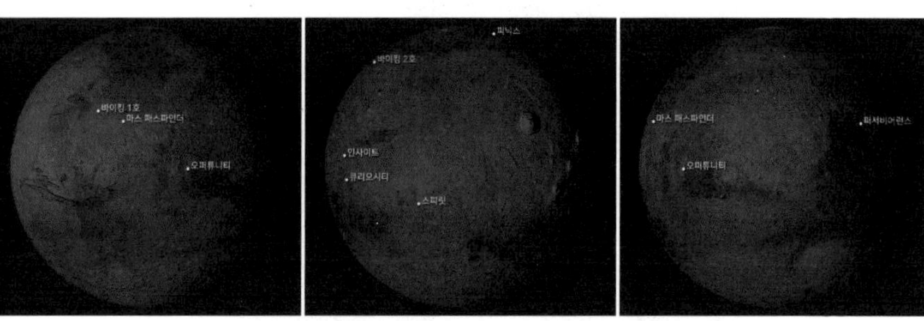


**화성 표면에 착륙한 주요 탐사선들의 위치.**
출처: "Spinning Mars" by Meithan West, licensed under CC BY-SA 4.0
https://creativecommons.org/licenses/by-sa/4.0/

화성 주변과 표면에서 동시에 활동하는 탐사선들의 위치와
궤도를 한 장에 도식화한 이미지.
출처: NASA/Scientific Visualization Studio (SVS)

화성 탐사는 이제 유럽, 인도, 중국, 아랍에미리트까지 가세한 전 인류의 거대한 호기심이 되었다.

지금 이 순간에도 화성의 궤도에는 여러 대의 탐사선이 밤낮으로 돌고 있으며, 표면에서는 고독한 로버들이 바퀴 자국을 남기며 암석을 뚫고 있다.

도대체 인간은 왜 이토록 붉고 메마른 행성에 집착하는 걸까? 그것은 화성이 단순히 밤하늘의 별이 아니라, 인간이 실제로 두 발을 딛고 개척할 수 있는 '가장 현실적인 마지노선'이기 때문이다.

아름다운 금성은 460도의 열기와 90배의 기압으로 인간을 1시간 안에 으스러뜨리는 지옥이다. 거대한 목성과 토성은 애초에 밟고 설 단단한 땅조차 없는 가스 덩어리다. 천왕성과 해왕

화성 유인 탐사 시대를 가정한 상상도.
거주 모듈과 탐사 장비가 배치된 화성 기지의 모습을 표현하고 있다.
출처: NASA

성은 태양에서 너무 멀어 모든 것이 얼어붙은 빙점이다. 하지만 화성은 비록 춥고 산소가 없을지언정, 인간의 과학과 의지로 어떻게든 버텨볼 수 있는 벼랑 끝의 경계선 위에 놓여 있다. 잠깐 깃발을 꽂고 돌아오는 곳이 아니라, 인류가 돔을 짓고 거주하며 제2의 요람으로 삼을 수 있을지 진지하게 상상하게 만드는 유일한 행성인 것이다.

화성의 하루(1화성일, Sol)는 24시간 39분이다. 지구의 시계와 고작 40분밖에 차이가 나지 않는다. 이 사소해 보이는 조건은 의외로 인간의 정착에 있어서는 결정적인 축복이다. 인간의 생체 리듬은 하루의 길이에 몹시 예민하기 때문에, 화성에서는 억지로 수면 주기를 바꿀 필요 없이 지구에서의 삶과 일과를 거의 그대로 이어갈 수 있다.

화성 북반구 유토피아 평원의 실제 모습. 1976년, 바이킹 2호가 촬영.
눈처럼 보이는 하얀 부분은 실제 눈이 아니라,
화성의 차가운 밤 동안 표면에 생긴 서리로 밝혀졌다.
출처: NASA/JPL

또한 화성에는 계절도 존재한다. 화성이 자전축은 약 25도 기울어져 있어 지구(23.5도)와 거의 흡사하다. 비록 혹한의 추위가 지배하긴 하지만, 화성에도 봄이 오고 여름이 지나며 가을과 겨울이 순환한다. 완전히 낯설고 무질서한 외계가 아니라, 지구의 모습을 어느 정도 겹쳐볼 수 있는 친숙한 부분이 존재하는 것이다. 무엇보다 기지를 세우고, 태양광 패널을 펼치고, 얼음을 캐내어 식수와 연료로 쓸 수 있는 단단한 땅과 자원이 화성에는 있다.

이 모든 현실적인 계산과 벅찬 도전 과제들에도 불구하고, 화성을 향한 인류의 집착을 완벽하게 설명하기엔 무언가 부족하다. 결국 화성은 아주 먼 옛날부터 인간의 상상력을 가장 원초적으로 자극해 온 거울이었기 때문이다. 고대인들에게 화성은 피를 부르는 전쟁의 신이었고, 근현대인들에게는 외계 생명체의 고향 같은 이미지가 되었으며, 오늘날에는 인류가 다행성 문명으로 나아가기 위한 미래의 약속의 땅이 되었다. 화성을 바라보는 인류의 시선 속에는, 늘 "우리는 이 좁은 지구를 넘어 어디까지 뻗어나갈 수 있는가"라는 가장 인간적인 호기심과 결기가 담겨 있다.

그러나 너무 멀리, 우주의 끝으로만 향하던 우리의 시선은, 때로는 가장 가까운 발밑의 기적을 잊게 만든다. 화성의 얼어붙은 계곡을 탐사하고 척박한 모래바람을 맨몸으로 견뎌내는 상상을 하다 보면, 결국 우리의 시선은 아득한 우주를 돌아 다시 이 푸른 지구를 향하게 된다.

어쩌면 우리는 저 차가운 우주의 잣대로 지금 우리가 서 있는 이 행성을 다시 한번 돌아봐야 할 때인지도 모른다. 이곳 지구에서는 숨을 쉬기 위해 무거운 우주복을 입을 필요도 없고, 살아남기 위해 매 순간 자연과 처절하게 투쟁할 필요도 없다. 우리는 그저 이 다정한 중력 위에 두 발을 딛고 숨 쉬며 존재하기만 하면 된다.

코끝을 스치는 달콤한 봄바람, 푸른 하늘과 흰 구름, 굽이치는 강물과 끝없이 넘실대는 바다, 그리고 거리를 걷는 무수한 생명들. 저 붉고 차가운 화성에 제2의 지구를 개척하겠다는 위대한 꿈을 꾸기 전에, 우리는 어쩌면 이미 너무나 완벽하게 우리에게 주어진 이 첫 번째 기적, 지구를 다정하게 껴안고 사랑하는 법부터 다시 배워야 하는지도 모른다.

# 거대 행성들의 거대한 비밀:
## 목성·토성·천왕성·해왕성

●

## 태양계의 수호자, 목성

목성은 태양계라는 거대한 왕국의 의심할 여지 없는 제왕이다. 그 압도적인 크기와 질량은 태양을 제외한 태양계의 다른 모든 행성, 위성, 소행성들을 남김없이 긁어모아 합친 것보다도 2.5배나 더 무겁다.

이 무자비한 질량은 곧 맹렬한 중력을 의미하며, 목성의 중력은 태양계 전체의 운명에 쉴 새 없이 개입한다. 특히 캄캄한 우주 외곽에서 태양계 안쪽을 향해 곤두박질치는 수많은 소행성과 혜성들은 가장 먼저 목성의 거대한 중력 그물에 걸려든다. 어떤 천체는 궤

**주노 탐사선이 촬영한 목성**
출처: NASA/JPL-Caltech/
SwRI/MSSS (JunoCam)

**태양계 행성들의 실제 크기 비율 비교**
출처: NASA/Lunar and Planetary Institute

도가 비틀어져 튕겨 나가고, 어떤 천체는 영원히 태양계 밖으로 쫓겨나며, 운이 나쁜 녀석들은 목성의 중력에 먹살이 잡혀 그대로 행성 깊숙한 곳으로 처박히며 최후를 맞이한다.

이 파괴적인 개입은 단순한 이론에서 그친 것이 아니라, 인류의 눈앞에서 생생하게 펼쳐진 사건이었다. 1994년, '슈메이커-레비 9Shoemaker-Levy 9'라는 거대한 혜성이 목성의 덫에 걸려들

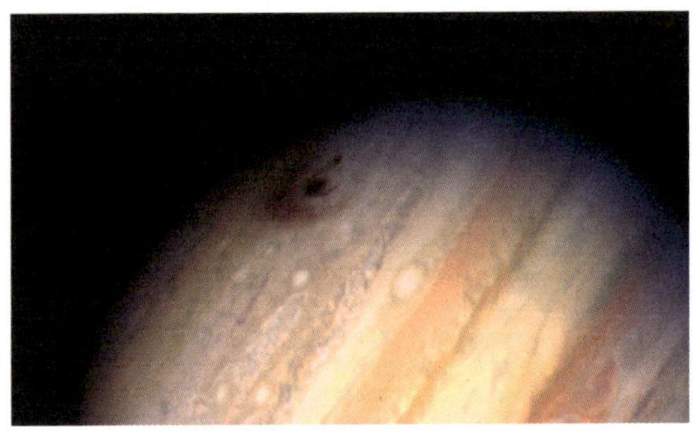

**슈메이커-레비 9 혜성 충돌 흔적이 남은 목성 대기.**
출처: NASA, ESA, H. Hammel (MIT), 허블 우주망원경

었다. 혜성은 목성의 가공할 기폭력에 의해 스물한 개의 조각으로 갈가리 찢어진 뒤, 기관총처럼 목성의 대기를 강타했다. 인류가 다른 천체들의 충돌을 실시간으로 목격한 역사상 최초의 사건이었다. 이 끔찍한 충돌은 지구 크기만 한 시커먼 화상 자국을 목성 표면에 남겼다. 만약 이 혜성이 목성을 지나쳐 지구를 향해 날아왔다면, 인류의 역사는 그날로 마침표를 찍었을 것이다.

이 사건은 목성이 태양계 안쪽으로 쇄도하는 우주의 폭격들을 묵묵히 온몸으로 막아내고 있다는 사실을 서늘하게 증명했다. 지구를 향해 날아오던 숱한 죽음의 천체들이 목성의 거대한 덩치에 부딪혀 산화하거나 튕겨 나갔다. 그래서 천문학자들은 목성을 가리켜 '태양계의 방패', 혹은 지구의 '보이지 않는 수호자'라 부른다. 만약 저 거대한 가스 행성이 그 자리에 버티고 서 있지 않았다면, 지구가 더 많은 충돌 위험에 노출되었을 가

**화성과 목성 사이의 소행성대.**
출처: NASA(Artist's concept)

능성도 충분히 있다.

목성의 폭력적이고도 다정한 통치는 아주 먼 과거, 태양계가 막 태어나던 혼돈의 시절부터 시작되었다. 당시 태양 주위에는 가스와 먼지, 암석 조각들이 무질서하게 소용돌이치고 있었다. 이때 목성은 다른 어떤 형제들보다 게걸스럽게 물질을 집어삼키며 가장 먼저 거대한 덩치를 키워냈다. 질량이 커지자 목성이 가진 중력의 횡포도 시작되었다. 목성은 주변의 물질들을 마구잡이로 빨아들이거나 궤도를 엉망으로 흩트려놓았다. 행성으로 자라나려던 무수한 암석 덩어리들이 목성의 발길질에 채여 태양계 밖으로 쫓겨나거나, 화성과 목성 사이의 궤도에 부서진 채 갇혀버렸다. 그것이 바로 지금의 '소행성대Asteroid Belt'다.

즉, 지금 우리가 아는 태양계 행성들의 가지런한 궤도와 질서는, 사실 목성이라는 폭군이 공간을 휩쓸며 강제로 부여한

**목성과 소행성들의 상호작용을 표현한 상상도**
출처: NASA/JPL-Caltech

**목성의 대기 소용돌이**
출처: NASA/JPL-Caltech/SwRI/MSSS (Juno Mission)

자리 배치에 가깝다. 목성은 그저 가만히 떠 있는 거대한 가스 공이 아니라, 태양계의 역사를 빚어내고 질서를 쥐락펴락해 온 살아있는 권력이다.

목성 본체의 풍경 역시 그 위상만큼이나 기괴하고 압도적이다. 단단하게 밟고 설 땅이 없는 이 가스 행성은 대부분이 수소와 헬륨으로 이루어져 있다. 행성 깊은 곳에서 끓어오르는 막대한 열기가 대기 위로 솟구치며 쉴 새 없이 행성을 뒤흔든다. 표면에는 어지러운 구름 띠가 흐르고, 며칠 만에 나타났다 사라지는 거대한 폭풍들이 광기를 부린다. 그리고 그 혼돈의 중심에, 수백 년 동안 단 한 번도 쉬지 않고 돌아가는 붉고 거대한 눈동자가 있다.

목성 주위를 도는 네 개의 큰 위성들.
출처: NASA/JPL-Caltech (Galileo Mission)

수호자의 위엄에 걸맞게 목성은 무려 90개가 넘는 위성들을 거느리고 있다. 단순한 돌덩어리들이 아니다. 얼음 껍질 아래에 거대한 지하 바다가 숨겨진 위성인 유로파, 행성 전체가 펄펄 끓는 용암을 토해내는 활화산 위성인 이오 등 저마다 기묘한 사연을 품고 있다. 목성은 태양계 안에 자신만의 또 다른 태양계를 구축한 셈이다.

## 300년째 사라지지 않는 폭풍

목성의 남반구에는 우주에서 가장 유명하고 흉포한 폭풍, '대적점Great Red Spot'이 소용돌이치고 있다. 이 붉은 눈동자는 어지간한 행성보다 거대하다. 한때는 지구 세 개를 나란히 집어넣고도 남을 만큼 거대했고, 크기가 줄어든 지금도 여전히 지구 하나를 통째로 집어삼킬 수 있는 크기다.

무엇보다 섬뜩한 것은 이 폭풍의 끈질긴 수명이다. 대적점

**목성의 대적점**
출처: NASA/JPL-Caltech/SwRI/MSSS



은 인간이 망원경을 발명해 목성을 처음 올려다본 17세기 후반부터 지금까지, 무려 300년이 넘는 세월 동안 단 한 번도 멈추지 않고 맹렬하게 돌아가고 있다. 지구에서의 폭풍은 아무리 파괴적인 허리케인이라 할지라도 며칠, 길어야 몇 주면 수명을 다한다. 태풍은 바다에서 에너지를 얻어 육지에 상륙하는 순간, 단단한 땅과의 마찰에 부딪혀 스스로 힘을 잃고 소멸하기 때문이다. 하지만 목성에는 마찰을 일으킬 '단단한 땅'이 존재하지 않는다. 대적점은 부딪혀 부서질 육지가 없기에, 수백 년 동안 끝없이 에너지를 집어삼키며 죽지 못하는 유령처럼 대기를 떠돌고 있는 것이다.

이 붉은 괴물이 오래도록 살아남을 수 있는 또 다른 비밀은 목성의 미친듯한 자전 속도에 있다. 그토록 거대한 덩치에도

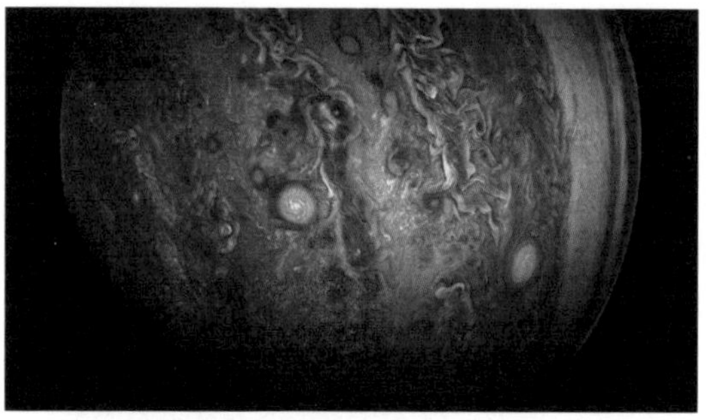

목성 대기의 상층에서 여러 줄의 제트기류가 서로 다른 방향으로 흐르며
만들어낸 복잡한 구름 무늬와 소용돌이
출처: NASA/JPL–Caltech/SwRI/MSSS (Juno spacecraft image)

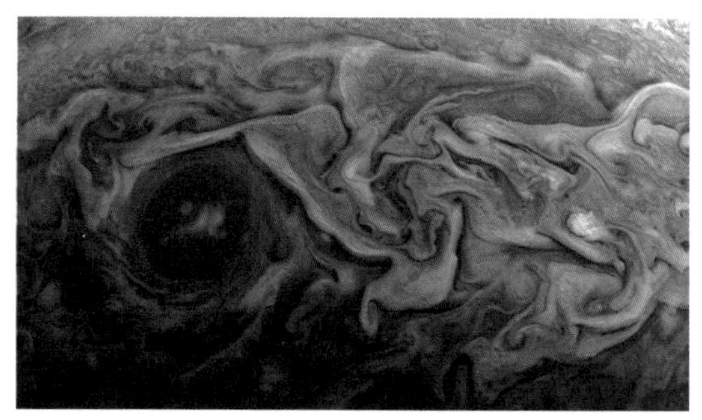

목성 대기의 거대한 폭풍과
그 주변을 휘감아 흐르는 복잡한 구름 소용돌이
출처: NASA/JPL–Caltech/SwRI/MSSS (Juno spacecraft image)

불구하고, 목성은 불과 10시간 만에 스스로 한 바퀴를 돌아버
린다. 태양계에서 가장 빠른 이 자전 속도는 대기 속에 '제트기
류Jet Stream'라는 강력한 바람의 고속도로를 여러 개 뚫어놓는다.

서로 다른 방향과 속도로 미친 듯이 질주하는 이 제트기류
들은 구름을 길게 찢어 목성 특유의 선명한 줄무늬를 만들어

낸다. 그리고 반대 방향으로 흐르는 두 거대한 바람이 충돌하는 경계선에서, 무시무시한 마찰과 함께 거대한 소용돌이가 잉태된다. 대적점은 바로 이 상반된 두 바람의 흐름 사이에 갇힌 채, 마치 톱니바퀴처럼 맞물려 수백 년째 에너지를 공급받으며 생존하고 있는 것이다.

여기에 목성 내부에서 끓어오르는 막대한 열기가 땔감이 되어준다. 목성은 태양으로부터 받는 열보다 자신의 내부에서 스스로 뿜어내는 열이 더 많다. 이 내부의 열이 끊임없이 대기를 위로 밀어 올리며 대적점에 활력을 불어넣는다.

물론 영원해 보이는 이 폭풍도 조금씩 늙어가고 있다. 최근 허블 우주망원경의 관측에 따르면, 대적점의 몸집은 눈에 띄게 줄어들고 있으며 길쭉했던 타원형의 모습도 점점 둥글게 변하고 있다. 하지만 이 붉은 눈동자가 내일 당장 감길 것이라 속단

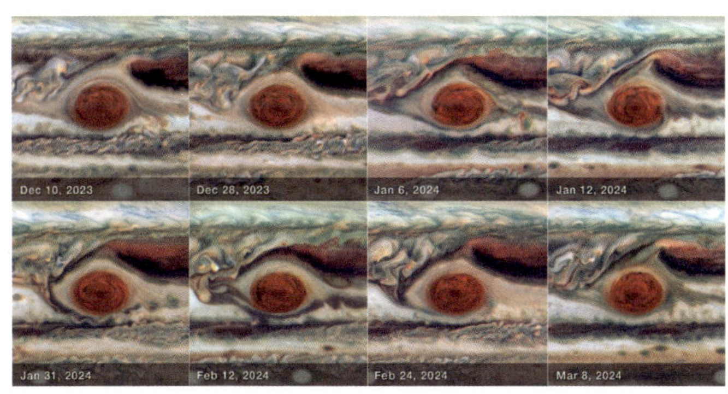


허블 우주망원경이 약 90일 동안
관측한 목성의 대적점 변화 (2023.12.10. ~ 2024.3.8)
출처: NASA/ESA/Hubble Space Telescope (2023-2024)

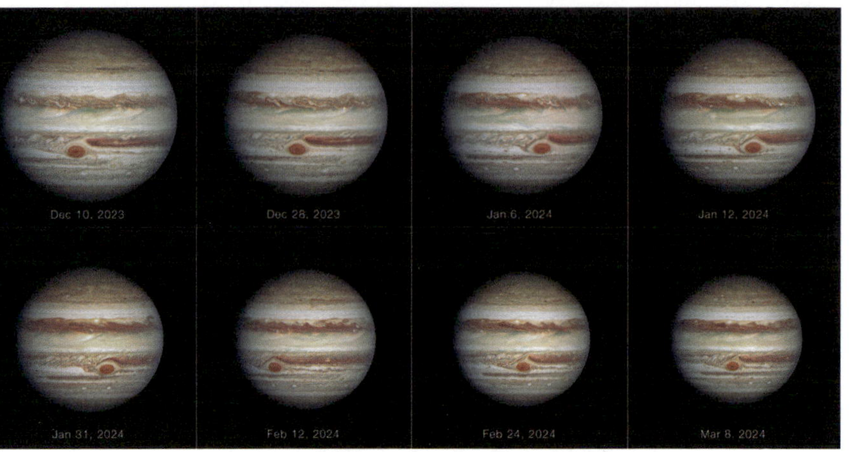

허블 우주망원경이 관측한 목성의 전체 모습
(2023.12.10. ~ 2024.3.8)
출처: NASA/ESA/Hubble Space Telescope (2023-2024)

하기는 이르다. 목성의 기괴하고 폭력적인 대기 환경은 언제든
또 다른 폭풍을 삼키며 대적점을 부활시킬 준비가 되어 있기
때문이다.


## 토성의 고리는 영원하지 않다


어둠 속에서 황금빛으로 빛나는 행성, 그리고 그 허리를 감싸고
있는 투명하고 거대한 고리. 토성의 고리는 태양계가 빚어낸 가
장 비현실적이고 압도적인 예술 작품이다. 하지만 우리가 보는
저 눈부신 고리는 토성이 태어날 때부터 함께했던 태고의 유산
이 아니다. 그리고 서글프게도, 우주의 영원한 시간 속에서 저

고리가 머물다 가는 시간은 아주 짧은 찰나에 불과하다.

얼핏 보면 매끄러운 레코드판처럼 보이지만, 가까이 다가가서 본 토성의 고리는 단단한 하나의 판이 아니다. 그곳은 아주 고운 모래알부터 집채만 한 얼음덩어리, 거대한 바위들이 수조 개나 모여 맹렬한 속도로 행성 주위를 춤추듯 회전하고 있는

**고리를 가신 토성의 모습**
출처: NASA/JPL-Caltech/Cassini

**토성 고리를 가까이에서 본 상상도**
출처: NASA/JPL/University of Colorado (Cassini mission, artist's concept)

**토성의 고리를 가까이에서 촬영한 모습**
출처: NASA/JPL-Caltech/Space Science Institute(Cassini spacecraft)

**고리 입자의 밀도·크기·구성 성분 차이로 인해 밝고 어두운 띠가 반복된다.**
출처: NASA/JPL-Caltech/Space Science Institute(Cassini spacecraft)

거대한 빙판 트랙이다.

고리는 하나로 보이지만, 실은 밀도와 성분이 다른 수천 개의 얇은 띠들이 동심원을 그리며 겹겹이 모여 있는 구조다. 이 거대한 고리 시스템의 지름은 수십만 km에 달해 지구와 달 사이를 훌쩍 채우고도 남지만, 그 두께는 놀랍게도 불과 10미터에서 수백 미터에 불과하다. 축구장 크기의 거대한 CD가 우주 공간에 얇게 펼쳐져 있는 것과 같은, 기적에 가까운 비율이다.

**토성과 그 고리를 옆에서 바라본 모습.**
**고리가 매우 얇기 때문에 옆에서 보면 거의 선처럼 보인다.**
출처: NASA/JPL-Caltech/Space Science Institute(Cassini spacecraft)

도대체 이 거대하고 얇은 얼음의 강은 어떻게 만들어졌을까? 천문학자들의 가장 인상적이고도 슬픈 가설은 이렇다. 아주 오래전, 토성의 곁을 돌던 불운한 위성 하나가 있었다. 어떤 이유로 이 위성이 토성에게 너무 가까이 다가가자, 무시무시한 비극이 시작되었다.

토성의 맹렬한 중력은 위성의 앞부분을 강하게 쥐어뜯고, 뒷부분은 약하게 당겼다. 이 끔찍한 중력의 차이를 견디지 못한 위성은 결국 비명을 지르며 우주 공간에서 산산조각 나고 말았다. 위성이 부서진 수조 개의 파편들은 토성 주위로 흩어져 띠를 이루었다. 파편들은 다시 하나로 뭉쳐 위성이 되고 싶었겠지만, 토성의 중력은 그들이 뭉치는 것을 영원히 허락하지 않았다. 대신 파편들은 서로 부딪히고 깨지며 더욱 잘게 부서졌고, 억겁의 세월 동안 회전하며 지금의 얇고 눈부신 고리가 된 것이다.

즉, 우리가 감탄하며 바라보는 저 아름다운 고리는 사실 처참하게 찢겨 나간 어떤 불행한 위성의 빛나는 흔적인 셈이다.

그리고 이 잔해들은 지금 이 순간에도 천천히 토성의 입속으로 빨려 들어가고 있다. 토성의 중력이 고리의 얼음 알갱이들을 끊임없이 끌어당기고 있기 때문이다. 이 현상을 '고리 비Ring Rain'라 부른다. 2017년, 토성 탐사선 카시니Cassini호는 임무를 마치고 토성의 대기로 장렬하게 추락하며 이 고리 비를 직접 맞았다. 고리에서 떨어져 내린 엄청난 양의 얼음과 물 분자들이 토성의 대기 상층부로 쉴 새 없이 쏟아져 내리고 있음을 확인한 것이다.

이 얼음의 비는 아주 느리지만, 단 1초도 멈추지 않고 내

토성의 고리에서 떨어지는 전하를 띤
물 입자들이 토성 대기로 유입되는 과정을 나타낸 상상도.
출처: NASA/JPL-Caltech/Space Science Institute/University of Leicester

린다. 이 속도라면 앞으로 약 1억 년 후, 그 찬란했던 토성의 고리는 모두 토성의 대기 속으로 녹아내려 흔적도 없이 사라지게 될 것이다. 1억 년은 인간에게는 영원 같지만, 45억 년을 살아온 태양계의 달력으로는 눈 깜짝할 찰나에 불과하다.

우리는 참으로 운이 좋은 인류다. 태양계의 억겁의 역사 속에서, 하필이면 토성의 고리가 가장 눈부시고 화려하게 빛나는 바로 이 짧은 순간에 태어나 우주를 올려다보고 있으니 말이다. 토성의 고리는 영원하지 않다. 영원하지 않기에, 저 얼음의 잔해들은 오늘 밤에도 우주에서 가장 서글프고 아름다운 빛을 뿜어내고 있다.

## 옆으로 누운 행성, 천왕성

천왕성은 태양계에서 가장 기괴하고 외로운 자세를 취하고 있는 행성이다. 다른 형제 행성들이 팽이처럼 꼿꼿하게, 혹은 약간 비스듬히 서서 태양 주위를 도는 반면, 천왕성은 아예 바닥에 쓰러진 채로 궤도를 구른다. 자전축이 무려 97.77도나 꺾여 있어, 사실상 옆으로 완전히 드러누운 상태다. 태양계 전체를 통틀어 오직 천왕성만이 가진 이 기이한 자세는, 이 행성의 계절을 지독하게 극단적인 형태로 비틀어

**천왕성**
출처: NASA/JPL-Caltech,
Voyager 2 mission

**태양계의 8개 행성과 명왕성을 실제 자전축 기울기에 맞춰 비교한 이미지**
출처: NASA Scientific Visualization Studio(SVS)

놓았다.

천왕성의 달력으로 한 계절은 지구의 시간으로 약 21년에 달한다. 자전축이 누워 있는 탓에 한쪽 극지방은 수십 년 동안 태양을 정면으로 마주하며 끝없는 백야를 겪고, 그동안 반대쪽 극지방은 수십 년간 빛 한 줌 들지 않는 칠흑 같은 흑야에 갇힌다. 지구처럼 봄, 여름, 가을, 겨울이 부드럽게 돌아오는 낭만적인 사계절은 이곳에 없다. 무자비한 빛과 영원한 어둠이 행성을 통째로 반반씩 갈라먹는, 가혹한 이분법의 세계다.

이 비정상적인 자세는 결코 우연의 산물이 아니다. 천문학자들은 아주 머나먼 과거, 천왕성이 겪었던 거대하고 폭력적인 찰나를 지목한다. 지구보다 거대한 미지의 천체가 엄청난 속도

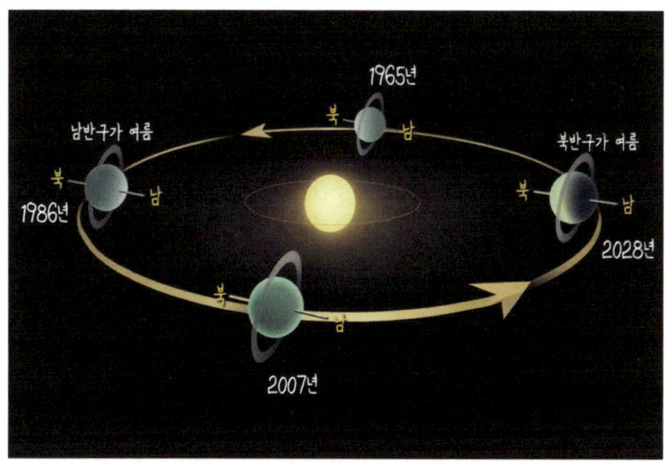


천왕성 자전축이 약 98도로 기울어져 있어 발생하는 계절 변화.
남·북극이 번갈아 수십 년 동안 태양을 향함.



로 천왕성을 들이받았고, 그 끔찍한 충격으로 행성의 척추가 완전히 꺾여버렸다는 것이다. 그날의 폭력적인 충돌은 천왕성의 내부를 뒤집어 놓았고, 위성들의 궤도마저 지금의 비틀린 모습으로 만들어 버렸다.

우리는 천왕성을 가스 행성으로 부르지만, 목성이나 토성과는 질적으로 완전히 다른 세계다. 목성과 토성이 수소와 헬륨으로 이루어진 전형적인 '가스 거인'이라면, 천왕성과 해왕성의 깊은 내부는 물, 암모니아, 메탄 같은 무거운 물질들로 꽉 차 있다. 이 물질들은 행성 내부의 엄청난 압력에 짓눌려 기체라기보다는 끈적한 액체나 차가운 얼음 슬러시 상태에 가깝다. 그래서 천왕성과 해왕성을 묶어 '얼음 거인Ice Giant'이라 부른다. 겉보기엔 구름으로 덮여 비슷해 보일지 몰라도, 그 속을 채우고 있는 재료와 태생은 목성, 토성과 전혀 다른 종족인 셈이다.

특히 대기 속에 섞여 있는 '메탄'은 천왕성의 서늘한 분위기를 자아낸다. 메탄가스가 붉은빛을 흡수하고 푸른빛만을 반사하기 때문에, 천왕성은 우주 공간에서 핏기 하나 없는 서늘한 청록색으로 빛난다.

표면 온도가 영하 220도까지 곤두박질치는 천왕성은 태양계에서 가장 차가운 심장을 가진 행성이다. 목성이나 토성은 내부에서 펄펄 끓는 에너지를 대기 밖으로 뿜어내며 거대한 폭풍을 만들지만, 이상하게도 천왕성의 내부는 얼어붙은 듯 고요하다. 방출하는 열이 거의 없기에 대기를 뒤흔드는 폭풍도 드물다. 누구의 주목도 받지 못한 채, 차가운 멍을 안고 홀로 어둠 속을 굴러가는 태양계의 영원한 외톨이다.

# 태양계의 끝을 지키는 해왕성

해왕성은 태양계의 끝자락, 차갑고 어두운 심연의 문턱을 지키는 행성이다. 태양으로부터 무려 45억 km 떨어진 아득한 변방을 묵묵히 돈다. 우주에서 가장 빠르다는 빛조차도 이 거리를 주파하려면 4시간이나 넘게 허우적거려야 한다.

해왕성의 하늘에서 태양은 더 이상 만물을 덥혀주는 다정한 난로

보이저 2호가 1989년에 촬영한 해왕성
출처: NASA/JPL-Caltech, Voyager 2 mission

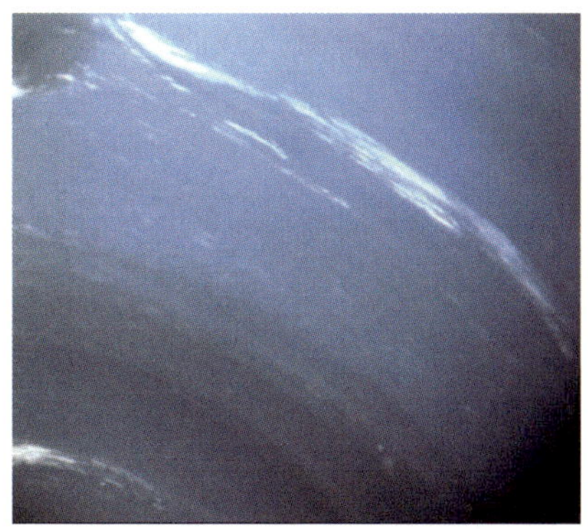

**해왕성의 상층 대기에서 보이는
밝은 구름 띠와 빠르게 이동하는 대기 구조**
출처: NASA/JPL, Voyager 2 spacecraft



가 아니다. 그저 밤하늘에 떠 있는 아주 밝은 별 하나로 전락해 버린다. 지구가 받는 태양 빛의 900분의 1밖에 닿지 않는 이 영원한 어스름 속에서, 해왕성은 꽁꽁 얼어붙어 죽어있을 것처럼 보인다. 하지만 놀랍게도 해왕성의 대기는 태양계 그 어느 곳보다 맹렬하게 살아 숨 쉰다.

해왕성의 하늘에는 시속 2,000km를 훌쩍 넘는 초음속의 강풍이 할퀴고 지나간다. 태양계에서 가장 빠르고 폭력적인 바람이다. 지구의 그 어떤 파괴적인 허리케인도 이 앞에서는 산들바람에 불과하다. 태양의 열기도 거의 닿지 않는 이 극한의 동토에서, 도대체 무슨 힘이 이런 미친 바람을 만들어내는 걸까? 그 해답은 해왕성의 '내부'에 있다. 조용히 죽어가는 천왕성과 달리, 해왕성의 심장은 여전히 뜨겁게 뛰고 있다. 태양으로부터

보이저 2호가 1989년에 촬영한 해왕성의 대흑점
출처: NASA/JPL, Voyager 2 spacecraft

받는 빈약한 빛보다 자신의 내부에서 만들어내는 열에너지가 훨씬 많아, 그 열기가 대기를 끓어오르게 하며 거대한 폭풍을 쉴 새 없이 빚어낸다.

한때 해왕성에는 지구 크기만 한 거대한 소용돌이인 '대흑점Great Dark Spot'이 섬뜩한 눈동자처럼 존재했다. 하지만 보이저 2호가 목격했던 그 거대한 폭풍은 몇 년 뒤 허블 망원경이 다시 들여다보았을 때 허무하게 사라지고 없었다. 그리고 또 다른 위치에서 새로운 흑점이 태어났다. 해왕성의 대기는 예측을 불허하는 광기와 변덕으로 가득 차 있다.

이 역동적인 행성의 색깔은 깊고 시린 코발트블루다. 천왕성과 마찬가지로 대기 속 메탄이 빚어낸 색이지만, 천왕성의 창백한 청록색과는 깊이가 다르다. 비슷한 성분을 가진 얼음 거인임에도 불구하고, 대기의 미세한 성분 차이와 층의 두께가 해왕

2016년에 허블 우주망원경이
다시 촬영한 해왕성의 대흑점
출처: NASA/ESA Hubble Space Telescope,
M. H. Wong(UC Berkeley)

2020년에 허블 우주망원경이
다시 촬영한 해왕성의 대기
출처: NASA, ESA/Hubble Space Telescope

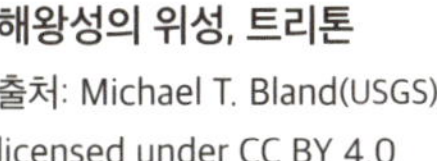

해왕성의 위성, 트리톤
출처: Michael T. Bland(USGS),
licensed under CC BY 4.0

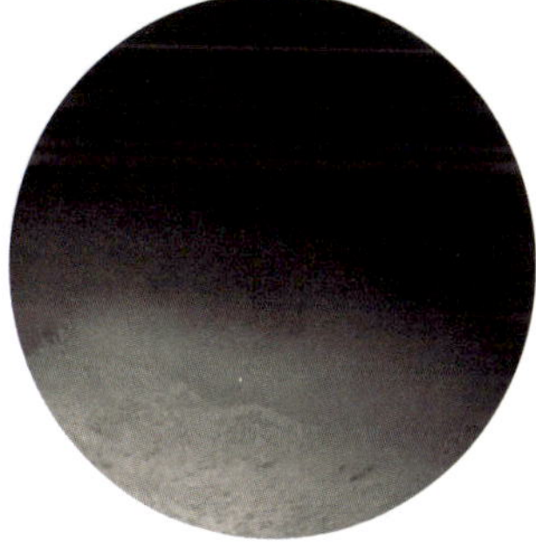

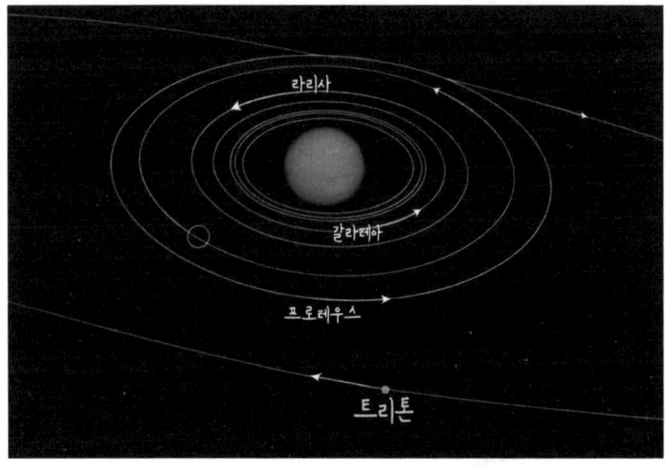



해왕성의 여러 위성들이 도는 궤도를 보여주는 모식도.
트리톤은 다른 위성들과 반대 방향으로 공전한다.
출처: NASA, ESA, A. Feild (STScI)

성에게 우주의 심연을 닮은 이토록 짙푸른 색을 선물했다. 같은 뿌리에서 태어나도 행성의 운명과 표정은 이토록 달라질 수 있다.

해왕성이 거느린 수많은 위성 중 가장 기구한 운명을 가진 것은 '트리톤Triton'이다. 트리톤은 다른 위성들과 반대 방향으로 해왕성의 주위를 돈다. 이는 트리톤이 해왕성과 함께 태어난 핏줄이 아님을 증명한다. 트리톤은 원래 태양계 외곽을 떠돌던 외로운 천체였으나, 어느 날 해왕성의 거대한 중력 그물에 포로로 붙잡혀 영원히 곁을 맴돌게 된 이방인이다. 놀랍게도 영하 235도에 달하는 이 얼어붙은 이방인의 표면에서는 '얼음 화산Cryovolcano'이 터져 나온다. 불타는 마그마 대신, 꽁꽁 언 질소 가스와 얼음 먼지가 검은 우주를 향해 수 킬로미터나 뿜어져 오른다. 태양계의 가장 깊은 변방, 빛조차 희미해지는 그 끝자락에서도 천체의 지질학적 심장 박동은 결코 멈추지 않았다.

해왕성은 우리가 아는 행성계의 마지막 경계선에 서 있지만, 우주의 끝은 아니다. 그 아득한 푸른 파수꾼 너머로는, 무수한 얼음 파편들이 떠도는 카이퍼 벨트Kuiper Belt와 태양계를 알처럼 감싸고 있는 오르트 구름Oort Cloud이 끝없이 입을 벌리고 있다.

# 해왕성 다음에는
# 무엇이 있을까?

•

## 명왕성은 왜 행성이 아니게 되었을까?

명왕성은 오랫동안 태양계라는 거대한 집안의 막내이자, 행성계의 닫힌 문을 지키는 마지막 문지기였다. "수·금·지·화·목·토·천·해·명." 어린 시절 교실에서 주문처럼 외웠던 태양계는 이렇게 아홉 개의 행성으로 이루어져 있었고, 그 아득한 끝자리에는 늘 명왕성이 외롭게 서 있었다.

하지만 2006년, 명왕성은 하루 아침에 행성의 왕관을 내려놓아야 했다. 이 갑작스러운 퇴장 통보는 명왕성의 궤도가 틀어지거나 별안간 몸집이 쪼그라들어서가 아니었다. 명왕성

**명왕성**
출처: NASA/JHUAPL/SwRI

명왕성의 얼음 평원과 고지대가 대비되어 보이는 표면 모습
출처: NASA/JHUAPL/SwRI

명왕성의 지평선을 따라 바라본 모습
출처: NASA/JHUAPL/SwRI



은 1930년 처음 발견되었을 때부터 2006년까지 우주에서 변하지 않고 그저 묵묵히 제 궤도를 돌고 있었다. 변한 것은 명왕성이 아니라, 하늘을 바라보고 잣대를 들이대는 '인간의 기준'이었다.

문제의 핵심은 "도대체 무엇을 행성으로 부를 것인가?"라는 근원적인 질문에 있었다. 과거 천문학계에는 행성을 규정하는 엄밀한 법칙이 없었다. 그저 태양 주위를 돌고 있고, 자신의 중력으로 스스로를 둥글게 뭉칠 수 있을 만큼 적당히 크기만 하면 관대하게 행성이라는 이름표를 붙여주었다. 명왕성은 수십 년간 그 느슨한 조건에 기대어 행성의 지위를 누렸다.

하지만 인간의 망원경이 발전하고 우주의 더 깊은 어둠을 보기 시작하면서 곤란한 진실들이 쏟아져 나왔다. 태양계 외곽의 캄캄한 변방에서 명왕성과 비슷한 천체들, 그리고 질량이 더 큰 천체까지 줄줄이 모습을 드러낸 것이다. 천문학자들은 깊은 딜레마에 빠졌다. 새로 발견되는 이 수많은 얼음 덩어리들을 모

명왕성을 비롯한 태양계의 주요 왜소행성들
출처: NASA/JPL-Caltech

두 '10번째, 11번째, 50번째 행성'으로 불러주며 교과서를 끝없이 고쳐 쓸 것인가, 아니면 이참에 '행성'이라는 타이틀 기준을 깐깐하게 새로 쓸 것인가.

치열한 논쟁 끝에, 2006년 국제천문연맹IAU은 마침내 행성의 자격을 엄격하게 재정의했다.

첫째, 태양을 중심으로 궤도를 돌 것.

둘째, 자신의 중력으로 둥근 구형을 유지할 만큼 질량이 클 것.

그리고 가장 가혹했던 셋째, 자신의 궤도 주변에서 다른 천체들을 지배하고 깨끗하게 청소("Clear the neighborhood")했을 것.

명왕성은 앞의 두 조건은 훌륭히 통과했지만, 이 세 번째 조건의 벽을 넘지 못했다. 진정한 행성이라면 압도적인 덩치와 중력으로 자신의 궤도 주변에 얼쩡거리는 잡동사니 천체들을 집어삼키거나, 멀리 쫓아내어 홀로 궤도를 독식해야 한다. 하지만 명왕성은 그렇지 못했다. 명왕성은 수많은 얼음 천체가 쓰레기더미처럼 밀집해 있는 '카이퍼 벨트'라는 구역에 살고 있었고, 그 궤도 주변에는 명왕성과 고만고만한 이웃 천체들이 여전히 우글거리고 있었다. 명왕성의 중력은 그들을 청소하고 골목 대장이 되기에는 너무나 미약했다.

결국 명왕성은 "자신의 궤도를 지배하지 못했다"는 이유로 행성에서 제명되었고, '왜소행성Dwarf planet'이라는 새로운 이름표를 달게 되었다. 많은 이들이 이 소식에 슬퍼했지만, 이것은 명왕성이 가치 없는 천체로 전락했다는 뜻이 결코 아니다. 명왕성은 여전히 아름답고 신비로운 하트 무늬를 품고 있으며, 우주에서의 위상은 조금도 깎이지 않았다. 달라진 것은 오직, 우주의 복잡성을 조금 더 정교하게 분류하려 애쓰는 인간의 인식뿐이다. 격하가 아니라, 진실에 한 걸음 더 다가선 우주적 재분류였던 셈이다.

## 카이퍼 벨트:
### 얼음 천체들의 띠

명왕성의 강등 사건은 우리에게 한 가지 서늘하고도 놀라운 진실을 폭로했다. 명왕성은 태양계 끝자락에 홀로 서 있는 외로운 파수꾼이 아니라, 수많은 동족들 사이에 섞여 있는 거대한 무리의 일원이었다는 사실이다.

카이퍼 벨트의 위치와 범위를 보여주는 개념도
출처: NASA

명왕성이 속한 그 거대한 무리의 거처를 우리는 '카이퍼 벨트Kuiper Belt'라 부른다. 해왕성의 궤도 바깥에서부터 시작해 우주의 심연으로 넓게 퍼져 있는 이 구역은, 태양계를 도넛 모양으로 감싸고 있는 거대한 얼음 부스러기들의 띠다. 태양으로부터 무려 30AU에서 50AU(약 45억~75억 km)에 이르는 이 광활하고 추운 영토에는 물, 메탄, 암모니아 얼음으로 뭉쳐진 크고 작은 천체들이 수백만 개나 떠돌고 있다.

카이퍼 벨트는 아름답게 조각된 행성들이 미처 되지 못하고 남겨진, 태양계의 버려진 자재들이 모여 있는 일종의 '우주 폐기장'이자 '타임캡슐'이다. 그렇기에 이곳의 질서는 행성들의 동네처럼 단정하지 않다. 안쪽 행성들은 태양의 적도 면(기준 평면)을 따라 마치 하나의 쟁반 위에 놓인 것처럼 얌전하게 도는 반면, 카이퍼 벨트의 천체들은 궤도가 제멋대로 찌그러져 있거나 기준 평면에서 훌쩍 들려 비스듬히 돌기도 한다. 어떤 녀석은 원에 가깝게 돌지만, 어떤 녀석은 극단적인 타원 궤도를 그리며 태양계 안팎을 아슬아슬하게 오간다. 규칙과 질서가 완성되지 않은 미수습의 공간. 명왕성은 특별히 눈에 띄게 큰 덩치를 가졌을 뿐, 본질적으로는 이 혼돈의 얼음 고리에 속한 수많은 부스러기 중 하나였던 것이다.

또한 카이퍼 벨트는 밤하늘을 수놓는 낭만적인 불청객, '단주기 혜성'들의 고향이기도 하다. 태양을 향해 보통 200년 이하의 주기로 쏟아져 들어오는 혜성들은 대개 이 카이퍼 벨트에서 출발한다. 이곳을 떠돌던 작은 얼음 덩어리들이 우연히 해왕성의 중력에 이끌려 궤도가 비틀어지면, 태양의 뜨거운 품을 향

**태양에 접근하며 밝게 보이는 혜성**
출처: Tara Mostofi, NASA/APOD

해 곤두박질치는 돌이킬 수 없는 여행을 시작한다.

우리가 밤하늘에서 경이롭게 바라보는 혜성의 눈부신 꼬리는, 사실 저 아득하고 차가운 태양계의 변방에서 날아온 얼음 파편들이 자신의 몸을 녹여가며 전하는 태고의 인사다.

카이퍼 벨트는 태양계가 어디까지 이어져 있는지를 보여주는 첫 번째 아득한 경계선이다. 하지만 이곳에서 행성들의 영토는 끝이 났을지언정, 태양의 보이지 않는 중력은 여전히 끝나지 않았다.

자연스럽게 우주의 심연을 향한 다음 질문이 고개를 든다. 카이퍼 벨트 너머, 빛조차 희미해진 그 캄캄한 공간에는 정말 아무것도 없을까? 그 오싹한 질문에 대한 답은 다음 장에서 우리를 기다리고 있다.

# 오르트 구름:
## 아무도 직접 본 적 없는 경계

카이퍼 벨트의 얼음밭을 지나고 나면, 이제 태양계는 정말 끝이 난 것처럼 보인다. 하지만 우주의 스케일은 인간의 상식적인 '끝'을 항상 훌쩍 넘어선다. 카이퍼 벨트 너머의 완벽한 칠흑 속에는, 태양계를 거대한 알 껍질처럼 감싸고 있는 최후의 영역 '오르트 구름Oort Cloud'이 숨어 있다.

이곳은 아직 인류의 그 어떤 망원경으로도 직접 관측해 본 적이 없는 미지의 가상 영역이다. '가상'이라고 해서 존재하지 않는 허구라는 뜻이 아니다. 거리가 너무나도 절망적으로 멀고, 그곳을 떠도는 천체들의 크기가 별빛을 반사하기엔 턱없이 작

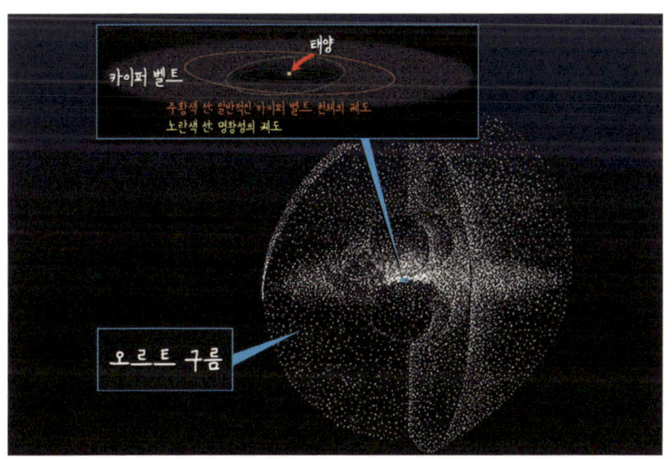


**태양계를 둘러싼 카이퍼 벨트와 오르트 구름의 구조**
출처: NASA

아 인간의 눈은 물론, 그 어떤 망원경으로도 도저히 볼 수 없다는 뜻이다. 그럼에도 불구하고 현대 천문학자들이 오르트 구름의 존재를 확신하는 이유는 꼬리가 긴 방문객, 바로 '장주기 혜성' 때문이다.

수천 년, 혹은 수십만 년에 단 한 번 태양 근처로 날아와 기나긴 꼬리를 뽐내는 장주기 혜성들은 카이퍼 벨트에서 온 녀석들과는 출신 성분부터가 다르다. 그들은 특정한 평면 위에서 날아오는 것이 아니라, 사방팔방 우주의 모든 3차원 방향에서 예고 없이 불쑥불쑥 날아든다. 이는 태양계 저 멀리 바깥쪽을 구의 형태로 완벽하게 둘러싸고 있는 거대한 천체들의 창고가 존재한다는 뚜렷한 증거다. 그 보이지 않는 창고가 바로 오르트 구름이다.

그렇다면 오르트 구름에 떠도는 수조 개의 얼음 파편들은 어떻게 그 먼 곳까지 쫓겨나게 되었을까?

태양계 형성 초기, 목성이나 토성 같은 거대 행성 근처에서 만들어진 얼음 천체들은 덩치 큰 행성들의 엄청난 중력에 휘말렸다. 무거운 중력은 천체를 끌어당기기도 하지만, 때로는 스쳐 지나가는 천체의 속도를 폭발적으로 가속해 우주 밖으로 튕겨내 버리기도 한다. 이른바 중력 도움 또는 '중력 슬링샷 Gravitational Slingshot'이라 불리는 새총 효과다. 거대 행성들의 발길질에 채여 태양계 밖으로 무참히 쫓겨난 이 얼음 파편들은 완전히 우주 미아가 되지 못하고, 태양의 중력이 아주 미약하게 닿는 아슬아슬한 끝자락에 멈춰 서서 거대한 구름 띠를 이

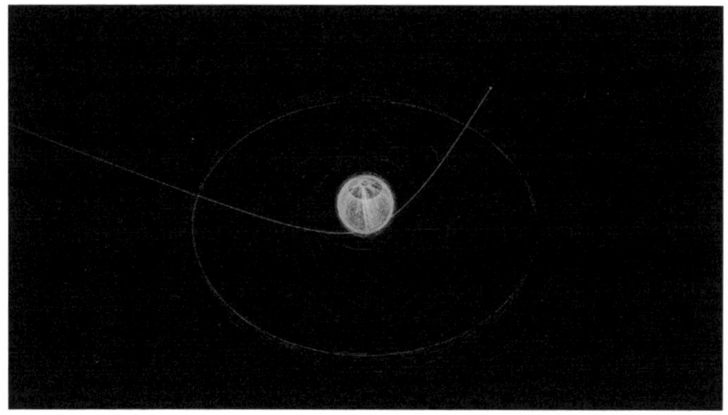

행성의 중력으로 인해 작은 천체의 속도와 방향이 바뀌는 중력 도움 현상
출처: NASA/SVS

루었다.

그들은 태양의 중력에 묶일 듯 말 듯 아슬아슬한 경계에 매달려 있다. 아주 멀리서 지나가는 이웃 별의 중력이나, 우리 은하 전체의 미세한 파동 하나에도 이 연약한 균형은 쉽게 부서진다. 그 순간, 제자리를 잃은 얼음 천체 하나가 수만 년의 궤도를 이탈해 태양계 안쪽을 향해 곤두박질치기 시작한다. 우리가 경탄하며 바라보는 장주기 혜성은, 사실 태양계 안쪽 동네의 사건이 아니라 1광년 밖 우주의 가장자리에서 벌어진 나비효과의 결과물이다.

오르트 구름의 크기는 인간의 상상력을 가볍게 마비시킨다. 태양에서 대략 수천 AU에서 시작해, 멀게는 무려 10만 AU(약 1.5광년)에 이르는 아득한 공간까지 부풀어 올라 있다. 이 영역의 끄트머리에 닿으면, 마침내 태양의 옅은 중력마저 힘을 잃고 이웃 별들의 중력과 조용히 뒤섞이기 시작한다. 오르트 구름은 태양계의 가장 쓸쓸한 끝이면서, 동시에 성간 우주로 나아가는 영광스러운 첫 문턱이다. 아무도 본 적 없지만, 우주의 모든 역사가 그 보이지 않는 경계를 향해 묵묵히 손가락을 가리키고 있다.

## 행성 너머에서 태양계는 끝나는가

결국, "태양계의 끝은 어디인가?"라는 질문에 단 하나의 선명한 답을 내리기란 불가능하다. 인간이 쥐고 있는 잣대가 무엇이냐에 따라 우주의 풍경은 고무줄처럼 늘어났다 줄어들기 때문이다.

행성이라는 기준표만 들이대면, 태양계의 끝은 해왕성에서 허무하게 끝나버린다. 하지만 명왕성과 카이퍼 벨트의 얼음 부스러기들까지 식구로 품으면, 태양계의 영토는 단숨에 몇 배로 팽창한다. 거기에 한 번도 보지 못한 오르트 구름까지 태양의 영향권으로 인정한다면, 태양계는 빛조차 1년을 넘게 달려야 빠져나갈 수 있는 거대하고 광활한 제국으로 돌변한다. 그렇다면 태양계의 진짜 기준은 무엇이어야 할까?

앞에서도 이야기한 것처럼 오늘날 대부분의 천문학자들은 '태양의 중력이 지배하는 가장 먼 한계선'을 태양계의 끝으로 본다. 이 기준에 따르면 태양계에는 우리가 흔히 상상하는 담장이나 국경선 같은 명확한 끝이 존재하지 않는다. 마치 빛이 어둠 속으로 스며들며 서서히 흐려지듯, 태양의 중력은 거리가 멀어질수록 아주 옅어지다가 어느 순간 곁에 있는 다른 별의 중력과 자연스럽게 뒤섞일 뿐이다. 태양계의 끝은 무 자르듯 그어지는 칼선이 아니라, 안에서 밖으로 서서히 색이 바래는 그라데이션에 가깝다. 태양계라는 거대한 집에는 단단한 벽도, 걸어 잠글 문도 없다. 오직 태양의 보이지 않는 입김이 아스라하게 닿는 한계선이 있을 뿐이다.

이 사실은 우리에게 아주 묵직한 철학적 깨달음을 던져준다. 우리가 절대적이라고 믿어 의심치 않았던 우주의 지도는 고정된 공간이 아니었다. 인간의 관측 기술이 예리해지고 세상을 바라보는 기준이 성숙해질 때마다, 우주의 경계는 늘 살아있는 생물처럼 새롭게 쓰여 왔다. 명왕성이 행성의 왕좌에서 내려와 왜소행성이라는 새로운 자리를 찾았듯, 태양계의 끝 역시 영원한 정답이 아니라 지금 이 순간에도 끝없이 갱신되는 과정이다.

그래서 누군가 "태양계는 어디까지인가?"라고 묻는다면, 우리는 하나의 건조한 숫자가 아니라 이렇게 답해야 할 것이다. "우리의 태양계는 생각했던 것보다 훨씬 거대하고, 그 경계는 아득하게 흐릿하며, 인류의 탐험이 끝날 때까지 영원히 미완성으로 남을 지도다."

그리고 이 넓고 텅 빈, 흐릿한 경계로 이루어진 거대한 구조의 중심에는 여전히 단 하나의 눈부신 존재가 군림하고 있다. 바로 만물의 심장, 태양이다. 이제 아득한 변방의 차가운 얼음밭을 지나, 생명과 빛이 끓어오르는 중심을 향해 다시 페이지를 넘겨보자.

# 태양:
## 태양계의 엔진

•

## 태양 내부는 어떻게 생겼을까?

우리가 매일 올려다보는 태양은 그저 허공에 떠 있는 둥글고
눈부신 불덩어리처럼 보인다. 하지만 그 맹렬한 빛의 장막을 걷
어내고 안으로 들어가면, 태양은 상상을 초월하
는 정교함과 위태로운 균형으로 유지되는
거대한 우주적 엔진이다. 태양에는 지구
처럼 발을 디딜 수 있는 딱딱한 껍질
이나 표면이 아예 존재하지 않는다. 우
리 눈에 보이는 둥근 태양의 겉모습은,
내부에서 만들어진 빛이 마침내 우주
로 튕겨 나가는 아스라한 기체의 경계
선일 뿐이다.

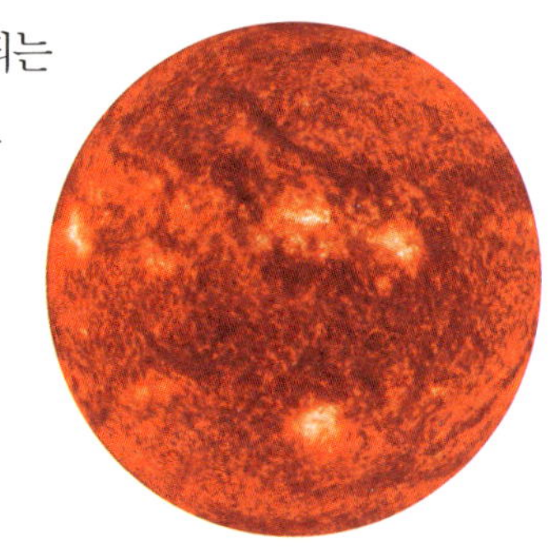

**태양**
출처: NASA/ESA/SOHO, JPL

**태양의 내부 구조**
출처: NASA/Jenny Mottar

그렇다면 이 거대한 가스 구체의 속은 어떻게 채워져 있을까? 태양의 내부는 크게 세 개의 층으로 나뉜다. 가장 깊숙한 심장부에는 '중심핵Core'이 자리 잡고 있다. 태양계 전체를 먹여 살리는 모든 에너지가 바로 이곳에서 탄생한다. 이곳의 환경은 인간의 물리적 상상력을 가볍게 찢어놓는다. 중심핵의 압력은 지구 표면 대기압의 2,500억 배에 달하며, 이는 무거운 철로 이루어진 지구 중심부의 압력보다도 7만 배나 높은 수치다. 이 끔찍한 압력과 1,500만 도에 달하는 폭력적인 온도 속에서, 서로를 강하게 밀어내던 원자핵들은 결국 굴복하고 강제로 짓이겨져 하나로 융합한다. 이 처절한 결합의 순간, 질량의 아주 미세한 파편이 엄청난 에너지로 비명을 지르며 뿜어져 나온다. 이것이 태양이 빛을 잉태하는 첫 순간이다.

하지만 중심핵에서 갓 태어난 빛은 곧바로 우주로 뛰쳐나오지 못한다. 빛은 두 번째 층인 두꺼운 '복사층Radiative Zone'이라는 늪에 빠지게 된다. 이곳은 플라스마 입자들이 너무 빽빽하게 뭉쳐 있어서, 빛조차 직진하지 못하고 입자들에 쉴 새 없이 부딪히고 흡수되었다 방출되기를 무한히 반복한다. 마치 거대한 핀볼 게임 속에 갇힌 구슬처럼, 1초면 지구를 일곱 바퀴 반이나 도는 우주에서 가장 빠른 빛조차 이 복사층을 빠져나오는 데 짧게는 수만 년, 길게는 수십만 년의 세월을 허비한다. 즉, 오늘 아침 당신의 뺨을 쓰다듬은 따스한 햇살은, 사실 인류가 아직 지구에 등장하기도 전인 수십만 년 전 태양의 심장 깊은 곳에서 잉태된 아주 오래된 빛이다.

복사층의 지루한 미로를 빠져나오면, 비로소 마지막 층인 '대류층Convective Zone'에 닿는다. 이곳에서는 에너지가 빛의 형태가 아니라, 물질 자체가 끓어오르는 대류의 형태로 전달된다. 냄비 속의 물이 끓듯, 뜨겁게 달궈진 플라스마가 위로 솟구치고 차갑게 식은 플라스마가 아래로 가라앉으며 맹렬하게 소용돌이친다. 이 역동적인 끓어오름은 태양 표면에 쌀알 무늬 같은 흔적을 남긴다. 대류층을 거치며 마지막으로 다듬어진 에너지는 마침내 태양의 표면을 뚫고 우주를 향해 찬란하게 해방된다.

이 거대한 세 개의 층이 유지되는 비결은 아주 아슬아슬하고도 위대한 균형에 있다. 태양은 그 무지막지한 덩치 때문에 자신의 중력으로 스스로를 짓눌러 붕괴시키려 한다. 하지만 동시에 중심핵에서 핵융합으로 터져 나오는 막대한 에너지가 밖

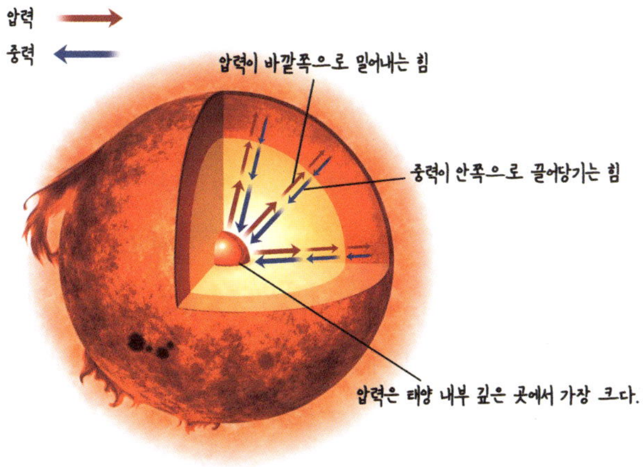

태양 내부에서 중력과 압력이 균형을 이루는
정수평형을 나타낸 개념도

을 향해 맹렬히 저항하며 팽창하려 한다. 안으로 찌그러지려는 파괴적인 중력과, 밖으로 터져 나가려는 핵융합의 압력. 이 두 거대한 힘이 칼날 같은 팽팽한 균형을 이루고 있기에, 태양은 지금의 둥글고 안정적인 모습을 46억 년째 유지하고 있는 것이다.

태양은 그저 장작처럼 타오르는 단순한 불덩이가 아니다. 수십만 년의 인내로 빛을 길어 올리고, 스스로 붕괴하지 않기 위해 매초마다 중력과 처절하게 싸우며 자신을 유지해 내는 살아 숨 쉬는 거대한 우주적 엔진이다.

# 태양은 어떻게 빛을 만들까?

태양에는 산소가 없다. 지구에서 장작이 타오르듯 태양이 불타고 있다고 생각한다면 큰 오산이다. 태양은 불꽃을 내는 것이 아니라, 아주 기괴하고 경이로운 물리학적 기적으로 빛을 '창조'해 낸다. 그 비밀은 앞서 언급한 태양의 심장부에서 벌어지는 '핵융합Nuclear Fusion'에 있다.

태양의 심장에서는 가벼운 수소 원자핵 네 개가 모여 하나의 무거운 헬륨 원자핵으로 변하는 연금술이 1초도 쉬지 않고 일어난다. 원래 수소 원자핵들은 모두 같은 양전하를 띠고 있어 자석의 같은 극처럼 서로를 격렬하게 밀어낸다. 하지만 대기압의 수천억 배에 달하는 끔찍한 압력과 1,500만 도의 열기가 이 반발력을 힘으로 억누르고 원자핵들을 강제로 충돌시킨다.

아주 가까운 거리까지 짓눌린 원자핵들 사이에는 반발력을 뛰어넘는 '강력한 핵력'이 작동하며, 결국 원자핵들은 단단히 하나로 융합해 헬륨이 된다.

놀라운 마법은 이다음부터다. 합쳐진 헬륨 원자핵의 질량을 재어보면, 신기하게도 원래 합치기 전 수소 원자핵 네 개의 질량을 더한 것보다 아주 미세하게 가볍다. 우주에서 질량은 결코 증발하지 않는다. 잃어버린 그 미세한 질량(0.7%)은 아인슈타인의 유명한 공식($E=mc^2$)에 따라, 상상을 초월하는 순수한 '에너지'로 변환된 것이다. 이 질량의 희생이 빚어낸 거대한 에너지가 바로 태양의 빛과 열이다.

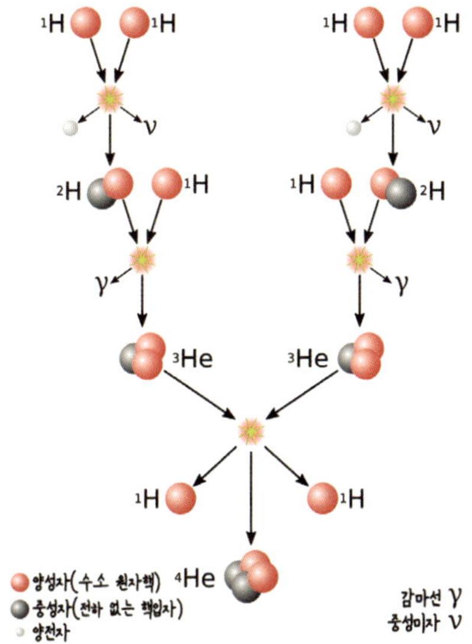


**태양의 수소 핵융합 반응**

출처: Wikimedia Commons (Public Domain)

숫자로 보면 이 우주적 연금술의 규모는 아찔하다.

태양은 지금 이 순간에도 매 1초마다 약 6억 톤의 수소를 헬륨으로 짓이기고 있다. 그 1초의 과정에서 사라진 약 400만 톤의 질량이 빛 에너지로 변환되어 우주로 쏟아져 나간다. 초당 400만 톤의 살을 깎아내며 온 우주를 덥히고 있는 셈이다.

이 숭고한 질량의 희생 덕분에 태양은 지난 46억 년 동안 한결같이 빛날 수 있었다.

우리가 지구에서 누리는 모든 생명의 박동은 이 1.5억km 밖에서 벌어지는 끔찍한 핵융합의 결과물이다.

수십만 년 전 태양의 심장에서 출발한 빛이 표면을 뚫고 나와, 8분 19초 동안 차가운 우주를 건너와 지구에 닿는다. 그 늙고도 젊은 빛이 숲의 나무를 키우고, 대기를 데워 바람을 부르고, 바닷물을 증발시켜 비를 내리게 한다. 이처럼 태양은 단순히 하늘에 떠 있는 조명이 아니다. 지구라는 행성의 모든 호흡과 박동을 관장하는 유일하고도 절대적인 심장이다.

## 태양 흑점과 태양 폭발

하지만 완벽해 보이는 태양의 얼굴도 매일 평온한 것은 아니다. 망원경을 통해 태양을 자세히 들여다보면, 눈부신 표면 곳곳에 멍든 것처럼 거뭇거뭇한 점들이 나타났다 사라지기를 반복한다. 이를 '태양 흑점Sunspot'이라 부른다. 이 검은 점들은 뻥 뚫린 구멍이나 그림자가 아니다. 주변 표면의 온도가 약 6,000℃인 것에 반해, 흑점 부위는 온도가 4,000℃ 정도로 낮아서 상대적으로 어둡게 보일 뿐이다. 물론 4,000℃ 역시 지구의 어떤 불과 비교해도 끔찍하게 뜨거운 온도다.

이 차가운 멍자국이 생기는 범인은 바로 태양의 복잡하게 꼬인 '자기장'이다. 태양 내부는 끓어오르는 대류 활동으로 에너지를 표면까지 실어 나른다. 그런데 태양 내부에서 생성된 아주 강력

2014년에 관측된
태양 표면의 흑점들
출처: NASA

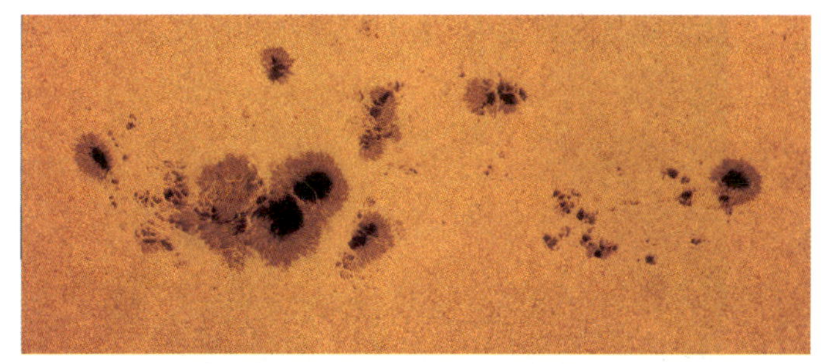

**2012년에 관측된 태양 표면의 흑점들**
출처: Alan Friedman, Courtesy of NASA, CC BY 2.0

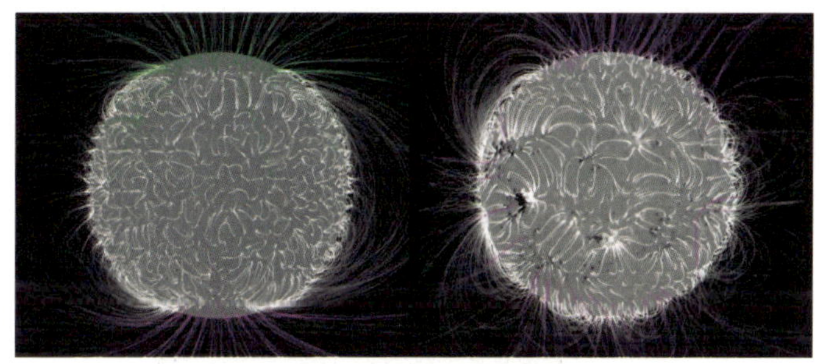

**태양의 복잡한 자기장 구조**
출처: NASA Goddard Space Flight Center,
The Solar Cycle As Seen From Space (영상 캡처)

한 자기장이 마치 밧줄처럼 표면으로 솟구쳐 오르면, 이 자기장이 대류 현상을 꽉 묶어버린다. 밑에서 끓어올라야 할 뜨거운 가스의 목줄이 쥐어지면서 열이 표면으로 전달되지 못하고, 에너지를 공급받지 못한 그 부위만 주변보다 온도가 뚝 떨어져 검게 얼룩지는 것이다.

흑점은 대개 무리를 지어 나타나며, 이곳은 태양에서 가장 신경질적이고 폭력적인 사건이 벌어지는 활화산 같은 곳이다.

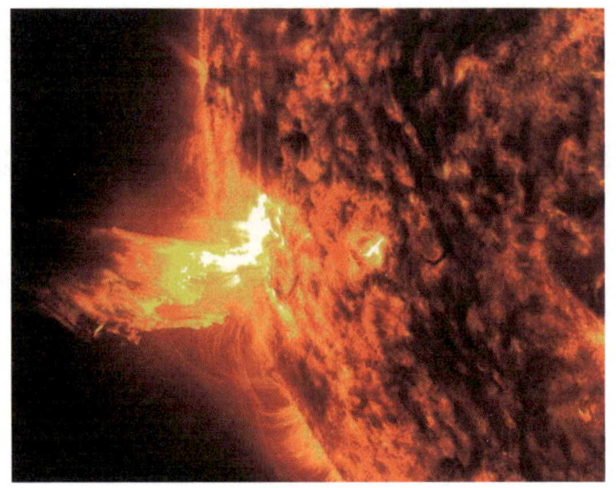

**태양 가장자리에서 고온의 플라스마가 분출되는 태양 폭발 현상**
출처: NASA/SDO

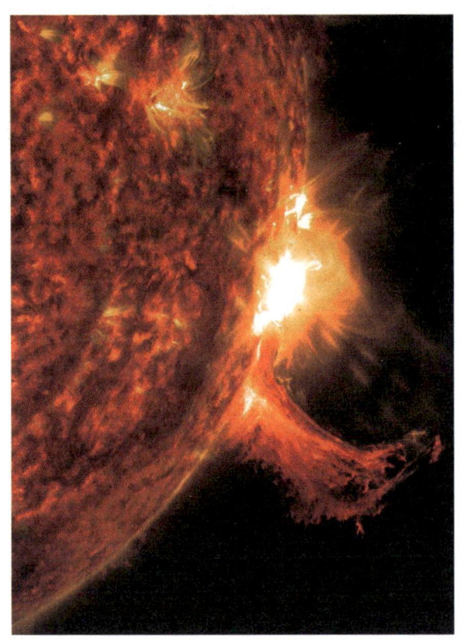

태양 플레어
출처: NASA/Goddard/SDO

태양은 고체 땅이 아니라 끓어오르는 플라스마 바다이기 때문에, 가스가 소용돌이치면 그에 묶인 자기장도 고무줄처럼 이리저리 꼬이고 비틀리고 팽팽하게 늘어난다. 이 자기장의 꼬임이 한계를 넘어 더 이상 버티지 못하는 임계점에 달하면, 팽팽하게 당겨진 고무줄이 끊어지듯 자기장이 '툭' 하고 끊어지며 순식간에 재배열(자기 재결합)된다. 이 찰나의 순간, 자기장에 응축되어 있던 어마어마한 에너지가 한꺼번에 폭발하며 우주로 쏟아져 나온다. 이것이 바로 우주에서 가장 파괴적인 불꽃놀이, '태양 폭발'이다.

이 난폭한 폭발은 크게 두 가지 형태로 우주를 덮친다. 하나는 '태양 플레어Solar Flare'다. 태양 표면에서 순간적으로 카메

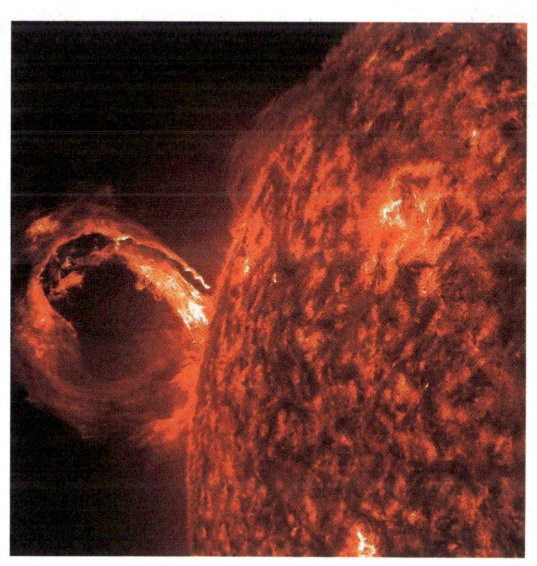

**코로나 질량 방출**
출처: NASA/Goddard/SDO

태양에서 방출된 코로나 질량 방출이 지구에 도달하는 과정
출처: NASA/GSFC/SOHO/ESA

강력한 태양 폭발로 인해 오로라가 평소보다
저위도 지역까지 확장된 모습을 보여주는 시각화 이미지
출처: NASA/GSFC

라 플래시가 터지듯 강력한 섬광과 함께 치명적인 엑스선과 방사선이 빛의 속도로 쏟아져 나오는 현상이다. 다른 하나는 더욱 거대하고 물리적인 폭력, '코로나 질량 방출CME'이다. 플레어가 빛의 폭발이라면, CME는 태양 대기의 뜨거운 가스(플라

**강한 태양 활동으로 인해 강렬하게 확장된 오로라**
출처: NASA/GSFC/"St. Patrick's Aurora", 2017

스마) 덩어리 수십억 톤을 우주 공간으로 아예 집어 던져버리는 어마어마한 해일이다.

이 거대한 입자 폭풍이 지구를 향해 날아오면, 지구는 보이지 않는 자기장 방패를 펼쳐 맹렬하게 이 폭격을 막아낸다. 입자 폭풍이 지구의 자기장과 격렬하게 부딪히며 부서질 때, 양극 지방의 밤하늘에는 불타오르는 커튼 같은 '오로라Aurora'가 피어난다. 우리가 경이롭다며 감탄하는 오로라의 춤사위는, 사실 태양의 파괴적인 분노를 지구의 방패가 목숨을 걸고 막아내며 흘리는 불꽃 튀는 전투의 흔적인 셈이다. 하지만 이 태양의 변덕이 방패의 한계를 넘어서면 아름다운 오로라로 끝나지 않는다. 쏟아지는 전하 입자들은 지구의 인공위성을 태워버리고, GPS를 마비시키며, 대규모 정전 사태를 일으킨다. 우주 시대에 접어든 인류는 그 어느 때보다 이 거대한 별의 신경질에 목숨을 의탁하고 살아가고 있다.

## 태양은 언제까지 빛날 수 있을까?

매일 아침 변함없이 떠오르는 태양을 보며 우리는 이 별이 영원할 것이라는 다정한 착각에 빠진다. 하지만 우주에 영원한 것은 없다. 태양도 태어나고 늙어가며, 결국엔 죽음을 맞이하는 필멸의 별일 뿐이다.

태양의 수명은 그 심장에 남아 있는 '수소 연료'의 양에 달려 있다. 매 1초마다 6억 톤의 수소를 태워 없애는 이 사치스러운 엔진은 언젠가 멈춰 설 수밖에 없다. 현재 태양의 나이는 약 46억 살. 별의 생애로 치면 가장 혈기 왕성하고 안정적으로 빛나는 중년기(주계열성)다. 연료통의 눈금은 절반 정도 남아 있으며, 앞으로 약 50억 년 동안은 지금처럼 따뜻하고 평화롭게 지구를 품어줄 것이다. 하지만 50억 년 뒤, 심장의 수소를 모두 소진하고 나면 태양은 끔찍한 죽음의 춤을 시작한다.

압력
중력

압력이 바깥쪽으로 밀어내는 힘

중력이 안쪽으로 끌어당기는 힘

핵융합이 약해져 바깥쪽으로 밀어내는 힘이 감소한다.

태양 내부 중력과 압력의 균형이 깨진다.

중심핵의 수소가 바닥나면 밖으로 밀어내던 핵융합의 압력이 꺼져버린다. 그 순간, 지난 100억 년간 호시탐탐 기회를 노리던 태양 자신의 무자비한 중력이 압승을 거두며 중심핵을 짓눌러 수축시키기 시작한다. 중심핵이 끔찍하게 짓눌리자, 그 마찰과 압력으로 인해 중심부의 온도는 오히려 미친 듯이 치솟아 1억 도를 돌파한다. 이 엄청난 열기는 핵 주변을 둘러싼 바깥쪽 가스층을 강하게 가열하고, 불이 붙은 바깥층은 풍선처럼 기괴하게 팽창하기 시작한다. 심장은 쪼그라들고 피부는 끝없이 부풀어 오르는 흉측한 노년기, 바로 '적색거성Red Giant'의 단계에 진입하는 것이다.

적색거성으로 부풀어 오른 늙은 태양은 서서히 붉고 서늘하게 식어가며 수성을 통째로 집어삼키고, 금성을 녹여버릴 것

태양이 핵연료를 소진한 뒤 팽창하여
적색거성 단계로 변화한 것을 표현한 상상도
출처: © ESO/ESA-Hubble

이다. 그리고 마침내 거대해진 태양의 붉은 표면은 지구의 하늘을 가득 메우고 지구의 바다를 모두 끓어 증발시킬 것이다. 인류의 요람인 지구는 늙어버린 어미 별의 품에 안겨 불타 없어질 운명이다.

이 광기 어린 팽창이 끝나면, 태양은 더 이상 팽창한 바깥 껍질을 붙잡아 둘 수 없게 된다. 태양은 자신의 가스를 우주 공간으로 흩뿌리며 찬란하고도 서글픈 행성상 성운Planetary Nebula을 만들어낸다. 그리고 그 화려한 연기 속, 모든 연료를 태우고 앙상하게 뼈만 남은 태양의 심장, 지구 크기만 한 아주 작고 하얗게 빛나는 별의 시체 하나가 남겨진다. 이것이 태양의 마지막 묘비, '백색왜성White Dwarf'이다. 태양은 거대한 초신성처럼 화려하게 폭발하며 우주를 울리지 못한다. 그저 남은 여열(餘熱)을 우주로 조금씩 흘려보내며, 수백억 년에 걸쳐 차갑고 검게 식어

먼지 고리에 둘러싸인 백색왜성의 상상도
출처: NASA/GSFC/Scott Wiessinger

가는 고독하고 조용한 죽음을 맞이할 것이다.

태양은 우주 전체를 놓고 보면 아주 흔하고 평범한, 작지도 크지도 않은 별이다. 하지만 그 평범하고도 묵묵한 성실함 덕분에, 지구라는 작은 행성은 수십억 년 동안 끓지도 얼지도 않는 기적 같은 환경을 유지하며 생명을 잉태할 수 있었다. 하늘에 떠 있는 저 당연한 빛이 결코 당연한 것이 아님을 깨달을 때, 우리는 태양을 진정으로 경외하게 된다.

자, 이제 시선을 더 먼 곳으로 던져볼 차례다. 우리가 지금까지 여행한 수·금·지·화·목·토·천·해, 이 모든 행성들은 스스로 빛을 내지 못하고 오직 태양의 빛을 반사하는 조연들이었다. 이제 태양계의 주연, 스스로 핵융합의 불꽃을 태우며 빛나는 진정한 별, '항성Star'들이 무한히 펼쳐진 더 거대하고 눈부신 바다로 항해를 떠나보자.

이제 우리의 좁고 아늑했던 태양계의 울타리를 넘어, 까마득한 바깥 세계로 걸음을 옮겨보자. 우리의 난로인 태양 말고도·저 아득한 우주의 밤하늘에는 헤아릴 수 없이 많은 별들이 타오르고 있으며, 그 무수한 별들 주위에도 자신만의 궤도를 그리는 행성들이 묵묵히 돌고 있다. 이처럼 우리 태양계를 벗어나 다른 별의 중력에 묶여 있는 행성들을 '외계행성Exoplanet'이라 부른다. 수십, 수백 광년 너머의 낯선 태양들 주변에는 과연 어떤 기괴하고 경이로운 세계가 숨 쉬고 있을까? 지금부터 우리는 한 번도 상상해 본 적 없는, 전혀 다른 우주의 낯선 풍경들과 마주하게 될 것이다.

# 태양계 너머:
## 은하 속으로

4

# 외계행성의
# 다양한 세계

•

## 외계행성은 어떻게 발견할까?

수백 광년 떨어진 외계행성을 망원경으로 직접 들여다보는 일은 불가능에 가깝다. 행성 자체는 스스로 빛을 내지 못하는 캄캄한 암석이나 가스 덩어리일 뿐이며, 행성을 품고 있는 항성의 빛이 너무나 압도적으로 밝아 그 곁에 붙어 있는 파리만 한 행성의 실루엣은 완벽하게 묻혀버리기 때문이다. 그래서 천문학자들은 '직접 보는' 직관적인 방식을 포기하고, 별빛에 숨겨진 '미세한 흔적과 그림자'를 읽어내는 우주적인 탐정의 길을 택했다.

가장 대표적이고 우아한 방법은 '식 현상Transit Method'을 이용하는 것이다. 어떤 행성이 자신의 별 앞을 스치듯 지나갈 때, 아주 찰나의 순간 별빛이 미세하게 어두워진다. 물론 그 변화의

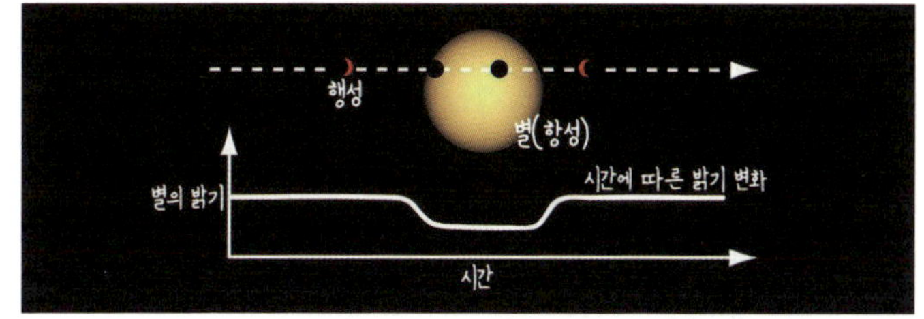



**행성이 별 앞을 통과할 때 나타나는 밝기 감소와 빛 곡선 변화**
출처: NASA Ames Research Center

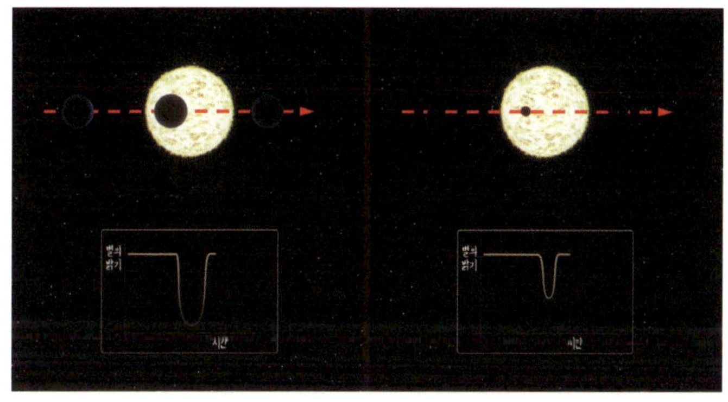



**행성의 크기에 따른 빛 곡선 변화 차이**
출처: NASA/JPL, Scott Wiessinger (USRA)

폭은 인간의 눈으로는 도저히 알아챌 수 없는 1만 분의 1, 혹은 그 이하의 극미한 수준이다. 하지만 우주에 띄워 놓은 정밀한 망원경은 이 미세한 '별빛의 윙크'를 결코 놓치지 않는다. 별 스스로 밝기가 불규칙하게 요동칠 수는 있지만, 아주 정확한 주기와 정확한 비율로 별빛이 줄어든다면, 그것은 필시 그 별 앞을 일정한 크기의 무언가가 끈질기게 공전하며 그림자를 드리우고 있다는 뜻이다.

이 그림자는 우리에게 많은 진실을 속삭인다. 별빛이 가려지는 '깊이'를 재면 행성의 크기를 알 수 있고, 별빛이 어두워지는 '주기'를 재면 행성의 1년(공전 궤도)을 알 수 있다. 케플러 우주망원경 같은 위대한 관측 장비들은 캄캄한 우주의 한구석을 수년 동안 뱀처럼 노려보며, 이 미세한 별빛의 깜빡임만으로 수천 개의 외계행성을 찾아냈다. 하지만 이 방법에는 치명적인 약점이 있다. 우연히도 지구에서 바라보는 시선과 행성의 공전 궤도가 일직선으로 완벽하게 맞아떨어져, 행성이 별의 '정면'을 지나갈 때만 관측이 가능하다는 점이다. 그래서 과학자들은 두 번째 사냥법을 준비했다.

바로 '별의 떨림Radial Velocity Method'을 읽어내는 것이다. 행성이 별 주위를 돌 때, 행성만 일방적으로 별의 중력에 끌려가는 것이 아니다. 작지만 행성 역시 자신의 중력으로 별의 멱살을 미세하게 잡아당긴다. 이 상호작용 때문에 별은 우주 공간에

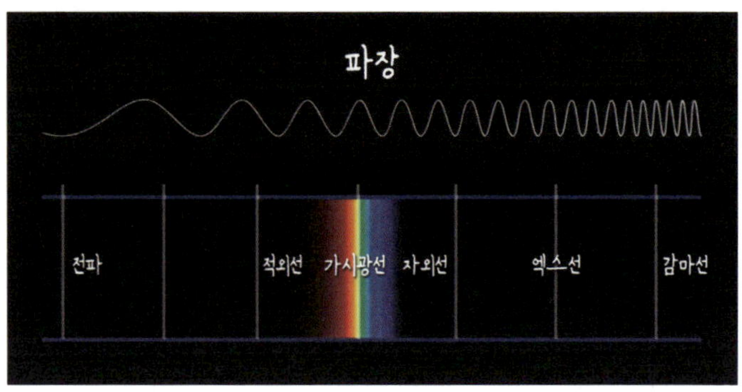


전자기 스펙트럼.
파장이 긴 전파부터 파장이 매우 짧은 감마선까지의 영역.
출처: NASA

완벽하게 고정되어 있지 못하고, 행성이 도는 리듬에 맞춰 제자리에서 앞뒤로 미세하게 '비틀비틀' 흔들리게 된다.

이 미세한 흔들림을 어떻게 측정할까? 여기서 빛의 마법, '도플러 효과'가 등장한다.

빛은 여러 파장이 섞인 무지개다. 별이 흔들리며 지구 쪽으로 다가올 때는 빛의 파장이 압축되어 아주 미세하게 푸른빛, 청색편이를 띠고, 반대로 지구에서 멀어질 때는 파장이 늘어나 붉은빛, 적색편이를 띤다. 행성이 별을 한 바퀴 도는 동안, 별빛의 색깔은 푸른색과 붉은색 사이를 극도로 미세하게 진동한다. 과학자들은 1억 분의 1 수준의 이 엷은 색채 변화를 포착하여, 별을 뒤흔든 보이지 않는 행성의 '질량(무게)'을 계산해 낸다.

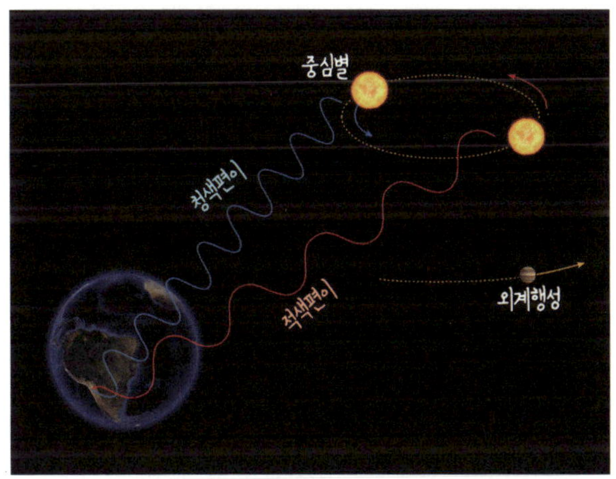


외계행성에 의해 흔들리는 별의 운동. 별이 지구 쪽으로 움직일 때는
빛이 청색편이 되고, 멀어질 때는 적색편이 된다.
출처: ESO, CC BY 4.0

그림자를 통해 행성의 '크기'를 재고, 떨림을 통해 행성의 '무게'를 재는 것. 이 두 가지 데이터를 겹쳐보면 우리는 그 행성이 헐거운 가스 덩어리인지, 아니면 묵직한 암석 행성인지까지도 짐작할 수 있다. 보이지 않는 존재를 빛의 그림자와 떨림만으로 증명해 내는 것, 이것이 인간 이성의 위대함이다.

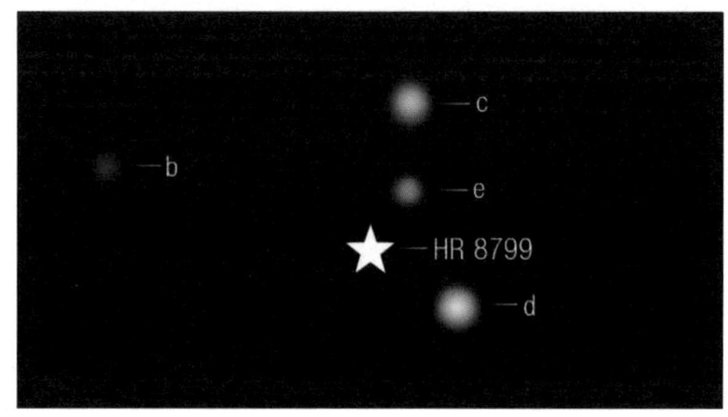

**제임스 웹 우주망원경이 적외선으로 직접 촬영한 다행성계 HR 8799의 모습. 중심 별 주위에 네 개의 외계행성이 분리되어 보인다.**
출처: NASA/ESA/CSA/STScI(JWST)

최근에는 아주 제한적이지만 '직접 촬영'이라는 기적 같은 일도 벌어지고 있다. 망원경 안에 '코로나그래프'라는 인공 그림자 판을 넣어 눈부신 항성의 빛만 정확히 가려내고, 그 주변의 캄캄한 공간을 집중적으로 노출해 숨어 있던 행성의 희미한 빛을 직접 사진으로 찍는 것이다. 물론 이 방법은 갓 태어나 용암처럼 펄펄 끓고 있어 스스로 적외선을 뿜어내는 거대하고 젊은 행성, 그것도 별에서 아주 멀리 떨어져 있는 행성에게만 겨우 통하는 예외적인 기술이다.

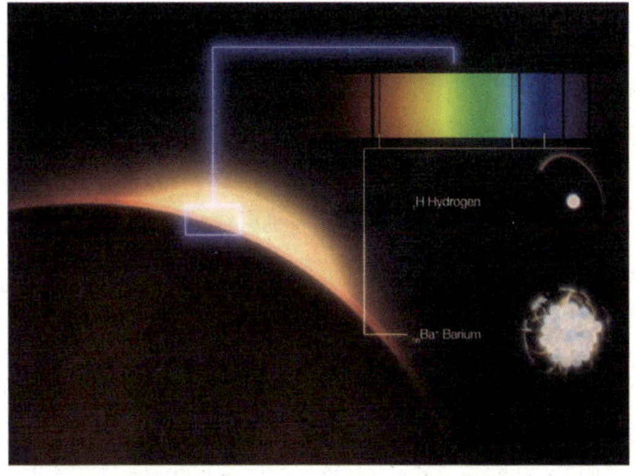

**외계행성이 별 앞을 지나갈 때, 별빛이 행성 대기를 통과하며
특정 원소의 흡수선이 나타나는 것을 보여주는 개념도.**
출처: ESO/L. Calçada/M. Kornmesser

행성을 찾고 나면 과학자들은 빛의 '스펙트럼Spectrum'을 통해 행성의 대기를 훔쳐본다. 행성이 별 앞을 스쳐 지나갈 때, 별빛의 아주 작은 일부는 행성을 감싸고 있는 얇은 대기층을 통과하여 지구로 날아온다. 이때 대기 속에 떠 있는 특정 분자(물, 메탄, 이산화탄소 등)들은 마치 지문처럼 특정 색깔(파장)의 빛만을 쏙쏙 흡수해 버린다.

지구에 도착한 별빛을 프리즘으로 잘게 쪼개어 보면, 듬성듬성 이빨이 빠진 것처럼 까만 선들이 나타난다. 과학자들은 어떤 색깔의 빛이 도중하차했는지를 분석하여, 수백 광년 떨어진 외계행성의 하늘에 어떤 기체들이 떠다니고 있는지를 소름 돋을 정도로 정확하게 알아낸다. 방 안에 들어가지 않고도, 문틈으로 새어 나온 그림자만 보고 그 안에 누가 있는지를 알아맞

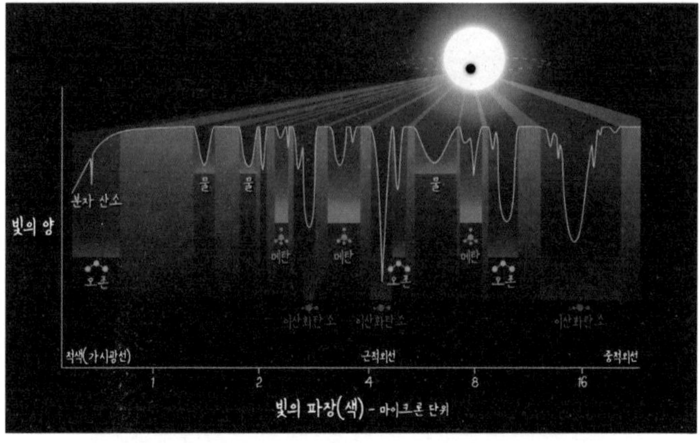



외계행성 대기의 전파 스펙트럼. 외계행성이 별 앞을 지나갈 때
별빛의 일부가 행성 대기를 통과하며 특정 파장에서 흡수된다.
출처: NASA/ESA/CSA/STScI(Joseph Olmsted)

히는 격이다.

자, 이렇게 우리는 보이지 않는 세계를 더듬어 찾는 법을 알
게 되었다. 이제 인류의 집요한 노력으로 찾아낸, 소름 돋도록
기괴하고 경이로운 실제 외계행성들의 얼굴을 마주할 차례다.

## 바위가 녹아내리는 행성

우리가 '행성'이라는 단어를 들었을 때 떠올리는 이미지는 대개
고요하고 단단하다. 산맥이 솟아 있고, 대지가 평온하게 행성의 골
격을 유지하는 곳. 하지만 우주의 한쪽 구석에서 발견된 외계행
성의 세계는 인간의 이 안일한 상식을 잔인하게 산산조각 낸다.

태양과 비슷한 항성 주위를 매우 가까이 공전하는
초고온 외계행성 55 Cancri e의 상상도
출처: NASA/ESA/CSA/STScI

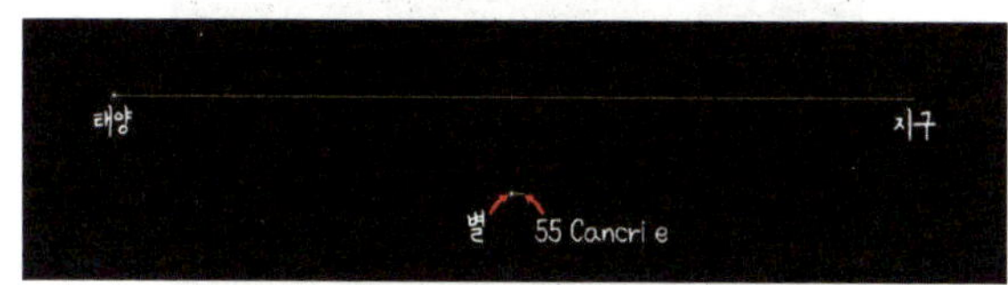


태양-지구 거리와 외계행성 55 Cancri e가
모항성을 도는 거리의 비교

어떤 외계행성의 하늘에서는 구름 대신 암석이 증발하고, 땅 대신 펄펄 끓는 용암 바다가 출렁인다. 이 끔찍한 세계가 만들어진 이유는 단 하나, 행성이 자신의 항성에 너무나도 소름 끼치게 가까이 붙어 있기 때문이다. 지구와 태양 사이 거리의 수십 분의 일도 안 되는 궤도를 맹렬하게 도는 이 행성들의 하늘에는, 따사로운 해가 아니라 행성을 통째로 집어삼킬 듯 으르렁거리는 거대한 불덩어리가 떠 있다.

이런 행성의 표면 온도는 가볍게 섭씨 수천 도를 훌쩍 넘어선다. 철과 같은 금속이 물처럼 흘러내리고, 단단한 바위조차 엿가락처럼 녹아내리는 이른바 '초고온 암석 행성'이다. 게다가 별에 너무 가까이 멱살이 잡힌 탓에, 이 행성들은 달이 지구를 향해 그러하듯 '조석 고정Tidal Locking' 상태에 빠져 있다. 행성의 한쪽 면은 영원히 별을 향해 불타고, 반대쪽 면은 차가운 우주의 밤에 갇혀 있다.

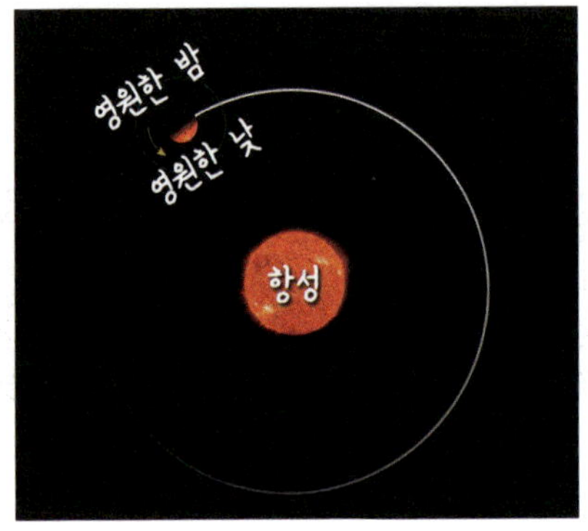


조석 고정으로 인해 낮과 밤이 고정된 외계행성의 모습
출처: NASA

불타는 낮의 반구에서는 거대한 암석 대륙이 몽땅 녹아내려 깊고 붉은 용암 바다를 이룬다. 그리고 그 지옥 같은 열기에 암석 자체가 끓어올라 기체로 증발한다. 규소, 철, 마그네슘 같은 돌덩어리의 성분들이 연기처럼 하늘로 솟구쳐 이 행성의 끔찍한 대기를 형성한다. 이곳의 하늘에 떠 있는 것은 수증기가 아니라 암석의 증기다. 이 기체들이 서늘한 밤의 반구로 넘어가 식으면, 하늘에서 물방울이 아닌 펄펄 끓는 액체 상태의 암석과

쇳물이 비처럼 쏟아져 내린다. 비가 아니라 '돌의 폭격'이 내리는 세계인 것이다.

이 행성들은 지옥 그 자체지만, 역설적이게도 별에 너무 바짝 붙어 있고 공전 주기가 짧아 지구의 과학자들에게는 가장 쉽게 눈에 띄는 '관측의 1순위'가 되었다. 우주가 우리에게 가장 먼저 보여준 외계행성의 민낯이, 지구와 닮은 안온한 풍경이 아니라 바위가 끓어오르는 용광로였다는 사실은 묘한 전율을 안겨준다. 지구라는 평온한 환경이 우주의 보편적인 상식이 아님을 뼈저리게 일깨워주기 때문이다.

# 유리가 비처럼 내리는 행성

어떤 외계행성의 날씨는 용암을 넘어 더욱 기괴하고 날카로운 악몽을 선사한다. 바로 하늘에서 '유리 비'가 쏟아지는 행성이다.

지구에서 63광년 떨어진 짙고 푸른 가스 행성, 'HD 189733b'. 겉보기엔 푸른 바다를 품은 아름다운 지구처럼 보이지만, 저 푸른빛의 정체는 생명의 물이 아니라 대기를 가득 채운 '규산염Silicate' 입자들이 빛을 반사하며 빚어낸 죽음의 색이다.

이 행성의 대기는 섭씨 1,000도를 훌쩍 넘는다. 이 가마솥 같은 열기 속에서, 지구라면 단단한 모래알로 존재했을 규소 성분이 기체로 끓어올라 하늘을 떠돈다. 그리고 상공에서 온도가 미세하게 떨어지는 순간, 이 규소 기체들은 미세하고 뾰족한 유리 결정으로 얼어붙어 구름을 형성한다. 그리고 중력에 이끌려 땅을 향해 쏟아져 내린다. 문자 그대로 하늘에서 '유리 파편'이 비처럼 내리는 것이다.

하지만 악몽은 여기서 끝이 아니다. 이 행성에는 시속 8,000km, 즉 음속의 6배가 넘는 상상을 초월하는 살인적인 폭풍이 쉴 새 없이 몰아친다. 그 결과, 하늘에서 내리는 유리 비는 지구의 빗방울처럼 얌전하게 수직으로 떨어지지 않는다. 총알보다 빠른 바람에 실려 지면과 거의 수평으로, 온 행성을 칼날처럼 휘젓고 다닌다. 만약 이 행성에 무언가가 서 있다면, 수조 개의 보이지 않는 유리 칼날에 베여 순식간에 형체도 없이 갈려 나갈 것이다.

항성에 매우 가까이 공전하고 있는
외계행성 HD 189733b를 표현한 이미지.
출처: NASA/GSFC

지구에선 '비'와 '바람'은 대지를 적시고 생명을 잉태하는 축복의 단어다. 하지만 우주의 다른 구석에서 그 단어는 행성의 껍질을 벗겨내는 끔찍한 파괴의 이름으로 쓰인다. 우리가 아는 보편적인 날씨란, 우주의 무자비한 기준 앞에서는 얼마나 연약하고 예외적인 우연인가.

## 슈퍼지구와 미니 해왕성

케플러 우주망원경이 수천 개의 외계행성을 쏟아내자, 과학자들은 누구도 예상치 못했던 기묘한 통계 앞에 고개를 갸웃거렸다. 지구처럼 작고 단단한 암석 행성도 아니고, 목성이나 해왕성처럼 거대한 가스 행성도 아닌, 그 중간의 어중간한 덩치를 가진 행성들이 우주에서 압도적으로 가장 흔하게 발견되었기 때문이다. 우리는 이 애매한 덩치의 행성들을 두 가지 이름으로 부른다. 바로 '슈퍼지구Super-Earth'와 '미니 해왕성Mini-Neptune'이다.

'슈퍼지구'라는 이름은 묘한 희망을 품게 하지만, 여기서 '슈

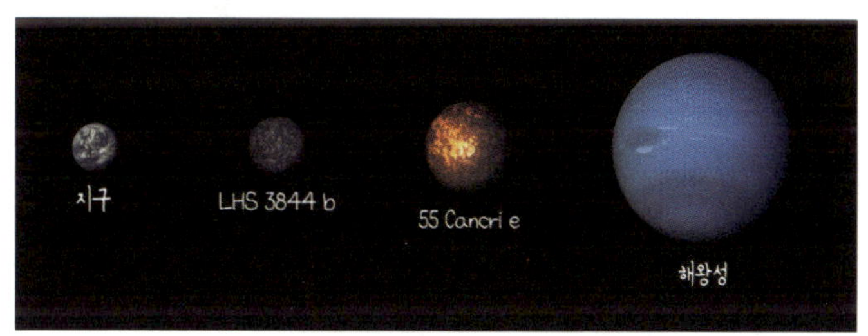



**슈퍼지구의 상대적인 크기 비교**
출처: NASA/ESA/CSA/Dani Player(STScI)

퍼Super'는 살기 좋다는 뜻이 아니라 그저 덩치가 크다는 뜻이다. 지구보다 질량이 2배에서 10배가량 큰 암석 행성을 일컫는다. 겉보기엔 지구처럼 단단한 대륙과 바다를 가졌을지도 모르지만, 이들의 세계는 무거운 질량만큼이나 가혹하다. 덩치가 크니 중력도 강하고, 강한 중력은 엄청나게 두껍고 무거운 대기를 행성에 꽉 붙잡아둔다. 두꺼운 대기는 자비 없는 온실효과를 낳는다. 겉모습은 웅장한 지구 같을지 몰라도, 그 두꺼운 하늘 아래는 펄펄 끓는 열기와 심해를 능가하는 무시무시한 기압에 짓눌려 숨조차 쉴 수 없는 찜통일 가능성이 높다.

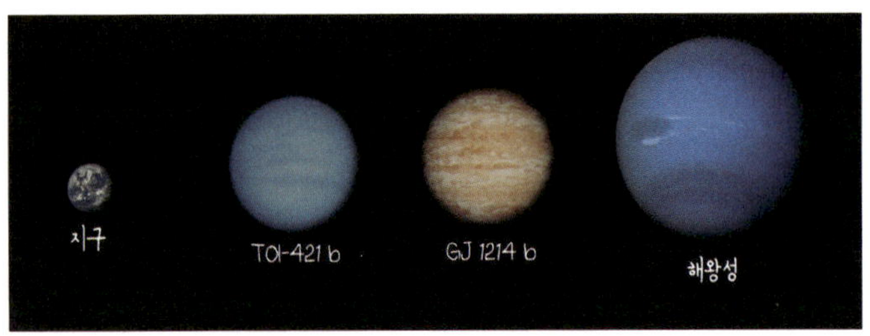



**미니 해왕성의 상대적인 크기 비교**
출처: NASA/ESA/CSA/Dani Player(STScI)

반면 '미니 해왕성'은 단단한 암석 표면을 포기하고 두꺼운 수소와 헬륨 가스 이불을 덮어쓴 행성이다. 크기는 슈퍼지구와 엇비슷하지만 그 내부는 끔찍할 만큼 이질적이다. 이 행성에는 우리가 딛고 설 수 있는 '땅'이라는 개념 자체가 없다. 짙은 가스층을 뚫고 깊이 내려갈수록 압력이 높아져 기체가 서서히 끈적한 액체로 변하고, 더 깊숙한 곳에서는 뜨거운 얼음 상태로 짓눌리는 기괴한 구조를 띤다.

재미있는 사실은 망원경 너머로 비치는 그림자만으로는, 이 행성이 암석으로 꽉 찬 '슈퍼지구'인지 가스로 부풀어 오른 '미니 해왕성'인지 정확히 선을 그어 구분하기가 몹시 까다롭다는 점이다. 대기가 얇으면 전자가 되고, 두꺼우면 후자가 되는 아주 미묘한 스펙트럼의 연속선상에 놓여 있기 때문이다.

더욱 우리를 경악하게 만드는 진실은 따로 있다. 우주에서 가장 흔해 빠진 이 중간 크기의 행성들이, 정작 우리 태양계 안에는 단 한 개도 존재하지 않는다는 사실이다. 태양계는 작고 단단한 암석 행성(지구)과 거대한 가스 행성(해왕성) 사이가 텅 비어 있는, 우주의 보편적 기준에서 보면 몹시 기형적이고 예외적인 시스템이다. 우리가 당연하다고 믿었던 우리 집의 구조가, 알고 보니 우주라는 거대한 동네에서는 몹시 특이하고 희귀한 건축 양식이었던 셈이다.

## 지구와 닮은 행성을 찾고 있는 이유

기괴하고 낯선 외계행성들의 카탈로그를 한 장씩 넘기다 보면, 등골을 관통하는 하나의 서늘한 결론에 도달하게 된다. 지구는 결코 흔한 행성이 아니다. 지금까지 인류가 그물망으로 건져 올린 수천 개의 외계행성 중, 지구와 닮은 평온한 얼굴을 한 곳은 단 하나도 없었다. 바위가 끓어오르고, 유리 칼날이 쏟아지며, 숨조차 쉴 수 없는 압력에 짓눌린 지옥들. 대기가 아예 뜯겨 나간 앙상한 돌덩어리나 땅 자체가 존재하지 않는 가스의 심연들이 우주의 압도적인 보편성이었다. 생명이 숨 쉴 수 있는 온화한 환경이란, 무차비한 우주에서는 성립 자체가 기적인 아주 좁고 예외적인 틈새에 불과했다.

그렇다면 과학자들은 왜 그토록 집요하게 이 무망한 우주를 뒤지며 '지구와 닮은 행성'을 찾으려 혈안이 되어 있을까? 흔히들 "외계인을 찾기 위해서"라고 낭만적인 답을 내놓지만, 그것은 우주 탐사의 가장 얄팍한 껍질만 만진 것이다. 과학자들이 지구를 닮은 행성을 찾는 진짜 이유는, 외계 생명의 존재를 증명하기 위해서가 아니라 '지구라는 이 기막힌 우연'을 납득하기 위해서다.

우리가 아는 생명은 온 우주를 통틀어 오직 이곳, 지구에만 존재한다. 그리고 이 푸른 점 위에 생명이 피어나기 위해서는 소름 끼칠 정도로 까다로운 조건들이 동시에 맞아떨어져야 했다. 태양과 너무 가깝지도 멀지도 않은 완벽한 거리, 대기를 잃지 않으면서도 압사당하지 않을 적당한 덩치, 치명적인 우주 방사선을 막아주는 강인한 자기장, 그리고 온도를 조절하는 액체 상태의 물과 목성이라는 거대한 수호자의 존재까지. 이 수천 가지의 까다로운 복권 번호 중 단 하나라도 어긋났다면, 지구는 금성처럼 타버렸거나 화성처럼 얼어붙은 붉은 시체가 되었을 것이다.

지구를 닮은 행성을 찾는 여정은, 이토록 기적적인 복권 당첨의 확률이 우주에서 얼마나 흔하게 일어나는 일인지를 확인하려는 처절한 몸부림이다. 그리고 망원경이 우주의 더 깊은 어둠을 비출수록, 돌아오는 대답은 점점 더 단호해지고 있다. 우주는 넓고 행성은 별의 수만큼 많지만, 그 압도적인 무한함 속에서도 '지구'라는 정교한 균형을 유지하는 행성은 기가 막힐 정도로 드물다는 사실이다.

우리는 흔히 외계행성 탐사가 '다른 세상'을 찾기 위한 일이라고 생각한다. 하지만 진실은 다르다. 외계의 낯선 지옥들을 하나씩 확인해 갈수록, 우리가 디디고 서 있는 이 푸른 행성의 자리가 얼마나 눈부시게 선명하고 이질적인 기적인지가 반사되어 돌아온다. 우주가 광활해질수록, 지구의 고독과 특별함은 더욱 찬란해진다.

지구를 닮은 행성을 찾는 이유는, 외계 생명체라는 타자와 조우하기 위해서가 아니다. 이 끔찍하도록 넓고 차가운 우주 속에서, 우리가 살아 숨 쉬는 이 작은 요람이 얼마나 기적처럼 빚어진 위대한 우연인지를 두 눈으로 직접 확인하기 위해서다.

자, 지금까지는 태양계의 울타리와 그 너머의 외로운 행성들을 살펴보았다. 이제 다시 시야를 넓혀, 태양계와 이 모든 외계행성들을 품고 천천히 소용돌이치는 거대한 빛의 도시, '우리 은하'의 심장부로 향해 보자.

# 우리가 사는
# 은하의 진짜 모습

●

## 은하수는 왜 띠처럼 보일까?

빛 공해가 사라진 캄캄하고 깊은 밤하늘을 올려다보면, 하늘을 반으로 가르며 흐르는 희미하고 창백한 빛의 띠를 마주하게 된다. 우리는 그것을 '은하수'라 부른다. 옛사람들은 밤하늘에 수놓아진 이 아름다운 띠를 보며, 여신이 흘린 우유의 흔적이라거나 별들이 목을 축이는 은빛 강물일 것이라 상상했다. 하지만 은하수는 낭만적인 강물도, 몽환적인 안개도 아니다. 그것은 헤아릴 수 없이 많은 수천억 개의 별이 너무나 멀리 떨어져 있어 하나의 뿌얀 빛으로 뭉뚱그려져 보이는, 우주의 웅장한 투시도다.

우리 은하는 공처럼 둥글지 않다. 중앙이 볼록하고 가장자리로 갈수록 얇아지는, 납작한 원반 모양을 하고 있다. 가장 중요한 사실은, 우리가 이 거대한 원반의 '안쪽'에 살고 있다는 점

지구에서 실제로 관측되는 은하수의 모습.
장시간 노출 촬영으로 기록된 사진.
출처: NASA/Bill Ingalls

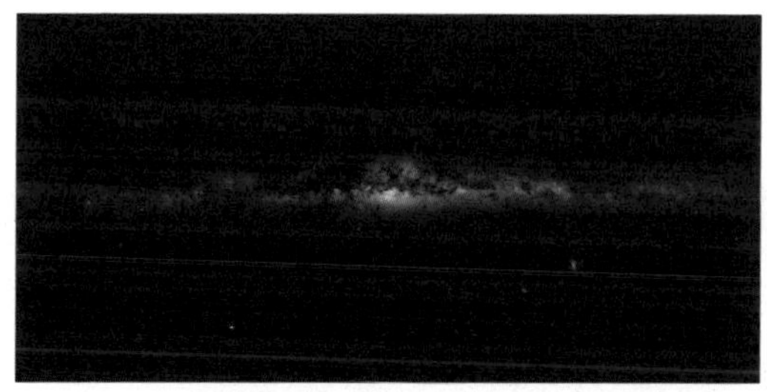

우리 은하를 옆에서 바라본 모습.
실제 관측 사진들을 합성해 재구성한 은하수 파노라마 이미지.
출처: ESO/S. Brunier



이다. 우리는 은하를 우주 밖에서 아름답게 내려다보는 전지적 관찰자가 아니다. 얇은 원반의 한구석에 파묻혀서, 은하의 옆면을 비스듬히 보고 있는 거주민이다. 바로 이 시선의 한계 때문에 은하는 우리 눈에 입체적인 소용돌이가 아니라 길쭉한 띠처럼 보이게 된다.

우리가 은하 원반의 두꺼운 옆면을 바라볼 때는 수천억 개의 별들이 겹겹이 쌓여 찬란한 빛의 띠를 이룬다. 반면 원반의 위아래로 시선을 돌리면 겹쳐 있는 별의 수가 턱없이 부족해 하늘이 텅 빈 것처럼 캄캄하게 보인다. 이 극단적인 밀도의 차이가 하늘에 밝은 은하수와 어두운 심연의 경계를 그어놓은 것이다.

은하수가 가장 눈부시게 부풀어 오르는 쪽이 바로 은하의 '중심 방향'이다. 그곳은 별들이 가장 빽빽하게 모여 있고, 우주의 가스와 먼지가 소용돌이치는 심장부다. 하지만 모순적이게도 중심부가 밝다고 해서 그 안이 더 잘 보이는 것은 아니다.

적외선으로 관측한 우리 은하 중심부.
가시광선에서는 두꺼운 성간 먼지에 가려 보이지 않던 은하 중심 영역이,
스피처 우주망원경의 적외선 관측을 통해
별과 가스 구조가 선명하게 드러난 모습이다.
출처: NASA/JPL-Caltech/Susan Stolovy (SSC/Caltech) et al.

가시광선에서 적외선으로 점진적으로 확대해 본 우리 은하 중심부.
첫 번째 패널은 가시광선으로 본 우리 은하의 넓은 전경을 보여준다.
두 번째 패널에서는 성간 먼지가 은하 중심을 가리고 있음을 확인할 수 있다.
세 번째 패널은 적외선 관측으로 전환되어 먼지를 관통한 은하 중심부가 드러난다.
마지막 패널은 허블 우주망원경의 근적외선 관측으로 촬영한
은하 중심부의 상세 모습이다.

출처: NASA, ESA, and Z. Levay(STScI); Acknowledgement: NASA, ESA, A. Fujii, Digitized Sky Survey(DSS), STScI/AURA, Palomar/Caltech, UKSTU/AAO, NASA/JPL-Caltech/S. Stolovy (Spitzer Science Center/Caltech), the Hubble Heritage Team(STScI/AURA), T. Do and A. Ghez(UCLA), V. Bajaj(STScI)

은하 중심부에 자욱하게 깔린 짙은 가스와 성간 먼지는 빛을 가로막는 지독한 장막이다. 맨눈으로 은하수를 볼 때 그 중심이 화려한 불꽃이 아니라 오히려 멍든 것처럼 거무스름하게 얼룩져 보이는 이유가 바로 이 먼지구름 때문이다. 우리가 맨눈으로 보는 은하수는 진짜 은하의 민낯이 아니라, 아주 가까운 별들의 불빛과 먼지구름이 빚어낸 얄팍한 실루엣에 불과하다.

은하수가 밤하늘을 띠처럼 가로지른다는 이 단순한 사실은 우리에게 묵직한 철학적 진실 하나를 던져준다. 우리는 우주의 중심에 서 있는 것도, 특별하게 구별된 전망대에 서 있는 것도 아니다. 그저 이 웅장한 원반의 평범한 한구석, 태양이라는 작은 별을 도는 창백한 돌덩이 위에 서서 묵묵히 앞을 내다보고 있을 뿐이다. 그렇다면 띠의 정체가 수천억 개의 별이라면, 우리가 속한 이 은하라는 도시는 도대체 얼마나 거대한 것일까?

## 우리 은하의 크기와 구조

우리 은하의 지름은 약 10만 광년에 이른다. 1초에 지구를 일곱 바퀴 반이나 도는 우주에서 가장 빠른 빛조차, 우리 은하의 이쪽 끝에서 저쪽 끝까지 가로지르려면 10만 년이라는 까마득한 세월을 꼬박 날아가야 한다는 뜻이다. 인간의 빈약한 감각으로는 도저히 가늠할 수 없는 광기 어린 크기다.

이 거대한 도시는 그저 평평하고 단조로운 원반이 아니다.

**우리 은하의 구조를 설명하기 위해 재구성한 상상도.**
출처: NASA/JPL-Caltech; ESA; ESA/ATG medialab

정교하고 복잡한 구역으로 나뉜 웅장한 구조물이다. 가장 깊숙한 심장부에는 '은하핵'이 도사리고 있다. 별들이 숨 막히게 밀집해 있고, 상상을 초월하는 거대한 중력과 질량이 숨죽이고 있는 공간이다. 그 핵을 둘러싸고 '중앙 팽대부'가 볼록하게 솟아올라 있다. 이곳은 붉고 늙은 별들이 빽빽하게 모여 노년을 보내며 복잡한 궤도로 춤을 추는, 은하의 오래된 구도심이다.

그 팽대부 바깥으로 비로소 납작하고 드넓은 원반이 펼쳐진다. 우리가 살고 있는 집이다. 원반에는 눈부신 별과 가스, 성간 먼지가 뒤섞여 흐르는데, 이 안에는 '나선팔Spiral Arms'이라 불리는 휘어진 빛의 띠들이 우아하게 소용돌이치고 있다. 중요한 점은 나선팔이 단단하게 고정된 다리나 길이 아니라는 것이다. 별들이 이 팔 안에 줄을 서서 도는 것이 아니다. 은하 원반에는 중력에 의해 별과 가스가 일시적으로 빽빽하게 정체되는 일종의 '교통 체증 구간'이 존재하며, 이 체증의 파동이 서서히 옮겨 다니는 궤적이 밖에서 볼 때 눈부신 나선팔로 보이는 것이다.

원반의 바깥쪽, 텅 비어 보이는 캄캄한 우주 공간에도 은하의 영토는 이어진다. 이 둥글고 거대한 외곽 영역을 '헤일로Halo'라 부른다. 헤일로에는 우주가 태어나던 초창기에 잉태된 아주 늙은 별들이 홀로 떠돌고 있다. 특히 수십만 개의 늙은 별들이 공처럼 빽빽하게 뭉쳐 있는 '구상성단'들이 이곳에 흩뿌려져 있다. 이들은 은하계의 화석이자, 우주의 가장 오래된 기억을 간직한 채 늙어가는 태고의 기록자들이다.

하지만 헤일로의 진정한 섬뜩함은 눈에 보이는 별이 아니라, 눈에 보이지 않는 유령 같은 물질이 공간을 지배하고 있다는 사실이다. 과학자들은 이 미지의 물질을 '암흑물질'이라 부른다. 암흑물질은 빛을 발산하지도, 흡수하지도, 반사하지도 않는다. 인간의 어떤 망원경으로도 그 모습을 볼 수 없다. 하지만 그들은 '중력'이라는 명백한 힘으로 자신들의 존재를 우주에 과시한다. 은하를 돌리고 있는 힘의 총량을 계산해 보면, 우리가 눈으로 보는 모든 별과 가스, 먼지의 무게를 다 합쳐도 턱없이 모자란다. 보이지 않는 암흑물질의 거대한 중력 뼈대가 꽉 움켜쥐고 있지 않다면, 은하는 그 미친듯한 회전 속도를 이기지 못하고 산산조각 나 우주로 흩어져 버렸을 것이다. 은하는 빛나는 별들의 도시처럼 보이지만, 실상은 보이지 않는 어둠이 지배하고 묶어둔 캄캄한 제국이다.

우리 태양계는 이 거대한 제국의 심장, 은하 중심으로부터

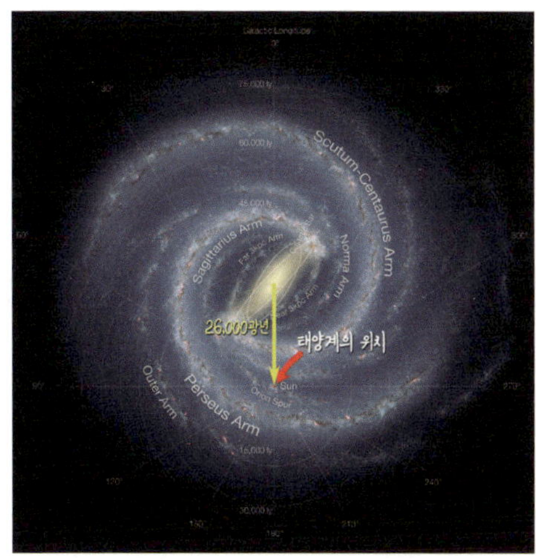


**우리 은하의 나선팔 구조와 태양계의 위치**
출처: NASA/JPL-Caltech/R. Hurt (SSC/Caltech)

약 2만 6천 광년이나 떨어진, 변두리의 오리온자리 팔 구석에 웅크려 있다. 이 소외된 위치는 우연이 빚어낸 기막힌 축복이다. 은하의 중심부는 쉴 새 없이 별이 터지고 치명적인 방사선이 쏟아지는 지옥이며, 반대로 은하의 너무 바깥쪽은 행성을 만들 무거운 원소가 턱없이 부족한 불모지다. 적당히 물러나 있고 적당히 고립된 이 2만 6천 광년의 거리 덕분에, 지구는 파괴적인 우주 재난을 피하며 기적처럼 생명을 키워낼 수 있었다.

우리는 은하라는 거대한 숲속에 갇혀 있기에, 결코 숲 전체를 한눈에 내려다볼 수 없다. 그래서 천문학자들은 별빛을 좇는 가시광선, 짙은 먼지구름을 투시하는 적외선, 차가운 가스의 지도를 그리는 전파 등 서로 다른 빛의 조각들을 기워 붙여가며 힘들게 이 은하의 지도를 완성해 왔다. 우리가 아는 은하의 모습은 눈으로 찍은 사진이 아니라, 수 세기에 걸친 인간 이성과 상상력이 빚어낸 가장 눈부시고 정교한 몽타주다.

## 태양은 은하를 어떻게 돌고 있을까?

태양은 하늘 한가운데 못 박힌 채 멈춰 있는 항성이 아니다. 태양계 전체가 이 순간에도 엄청난 속도로 우주를 항해하고 있다.

우리는 지구가 태양을 도는 데 익숙해져 있지만, 시야를 한 차원 높여보면 태양 역시 우주의 더 거대한 중심을 향해 돌고 있다. 바로 우리 은하의 중심이다. 은하 중심으로부터 2만 6천 광년 떨어진 거리에서, 태양은 은하 전체가 뿜어내는 거대한 중력에 목줄이 묶인 채 초속 220km라는 맹렬한 속도로 궤도를 질주한다. 이 맹렬한 속도로 태양이 은하를 완전히 한 바퀴 도는 데 걸리는 시간은 무려 2억 3천만 년이다. 인간의 빈약한 숫자로는 도저히 체감되지 않는 이 영겁의 시간을 천문학에서는 '1은하년Galactic year'이라 부른다. 태양이 은하를 고작 한 바퀴 도는 동안, 지구에서는 대륙이 수없이 합쳐지고 쪼개졌으며 생명의 역사가 길고도 깊게 흘러갔다. 우주의 시계 앞에서는 지구의 모든 장엄한 역사가 찰나의 티끌로 전락한다.

태양의 궤도는 컴퍼스로 그린 듯한 완벽한 원이 아니다. 은하의 질량이 고르게 분포되어 있지 않기 때문이다. 밀도가 빽빽한 나선팔, 무거운 성단, 그리고 보이지 않는 암흑물질 덩어리들이 곳곳에 진을 치고 있어 은하의 중력장은 울퉁불퉁하다. 그

우리 은하 평면을 기준으로 위아래로 움직이는 태양의 궤도를 나타낸 이미지.
우리 은하의 원반은 평평한 구조가 아니라 왜곡되어 있다.
출처: ESA/Gaia, Stefan Payne-Wardenaar Frame capture from "Milky Way's warp
caused by galactic collision, Gaia suggests"

불규칙한 중력의 파도를 타며 태양은 매 바퀴마다 살짝 찌그러지거나 늘어난 타원 궤도를 그린다.

더욱 경이로운 사실은, 태양이 평평한 쟁반 위를 미끄러지듯 도는 것이 아니라 원반의 위아래를 오르락내리락하며 미세하게 '파도타기'를 하고 있다는 점이다. 회전하는 레코드판이 살짝 휘어 출렁이는 것처럼, 태양은 수천만 년을 주기로 은하 원반의 북쪽과 남쪽을 가로지르며 파동을 친다. 이 율동적인 움직임은 은하가 죽어있는 정물화가 아니라, 수천억 개의 별이 중력이라는 거대한 오케스트라의 선율에 맞춰 끊임없이 요동치고 춤추는 살아있는 생물임을 증명한다.

# 은하 중심에는 무엇이 있을까?

우리 은하의 가장 내밀한 심장부는 밤하늘의 '궁수자리' 방향에 숨어 있다. 하지만 아무리 눈을 크게 뜨고 밤하늘을 노려보아도, 우리는 맨눈으로 은하의 중심을 결코 볼 수 없다. 별이 없어서가 아니다. 그곳에는 별이 너무나도 미친 듯이 빽빽하게 몰려 있으며, 그 별들이 뿜어내는 죽음과 탄생의 잔해인 '성간 가스와 먼지구름'이 철벽처럼 시야를 가로막고 있기 때문이다.

인간의 눈에 보이는 '가시광선Visible Light'은 파장이 짧아, 이 두꺼운 먼지구름을 절대 통과하지 못한다. 짙은 안개 속에서 자동차 헤드라이트가 무용지물이 되는 것과 같은 이치다. 수천 년 동안 인류에게 은하의 중심은 검은 장막에 가려진 완벽한 성역이자 철저한 미지의 세계였다. 하지만 20세기 후반, 천문학자들이 인간 눈의 한계를 벗어나 먼지를 뚫고 나아가는 긴 파장의 빛—'적외선'과 '전파'—으로 하늘을 투시하기 시작하자, 마침내 그 검은 장막이 걷히며 은하 중심의 소름 끼치는 민낯이 드러나기 시작했다.

먼지를 걷어낸 은하의 정중앙에는 형체를 알 수 없는 아주 강력하고 흉포한 중력원이 똬리를 틀고 있었다. 그 괴물 주변을 맴도는 별들을 관측한 천문학자들은 경악을 금치 못했다. 가장 안쪽에 있는 별들이 초속 수천 킬로미터라는, 말 그대로 미친 속도로 무언가를 중심으로 맹렬하게 돌고 있었기 때문이다. 이 정도의 폭력적인 속도라면 별들은 원심력을 이기지 못하고 우

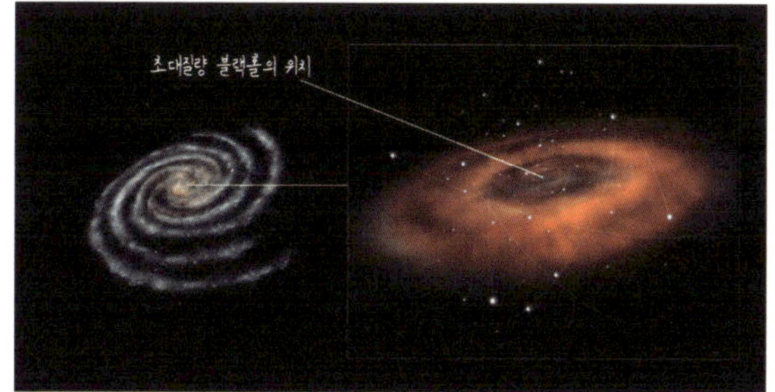

초대질량 블랙홀 주변에서 별들이 빠르게 공전하는
우리 은하 중심부의 모습을 표현한 가상의 이미지.
출처: NASA/JPL-Caltech; ESA/C. Carreau

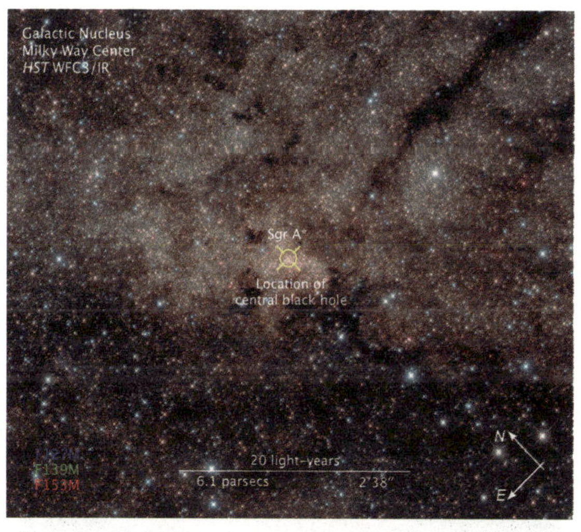


적외선으로 본 우리 은하의 중심.
중앙에 표시된 지점에 초대질량 블랙홀 궁수자리 A*가 존재한다.
출처: NASA, ESA, and the Hubble Heritage Team (STScI/AURA); Acknowledgement:
T. Do, A. Ghez (UCLA), V. Bajaj (STScI)

주 밖으로 튕겨 나가야 마땅했다. 그럼에도 별들이 도망치지 못하고 좁은 궤도에 결박되어 있다는 것은, 그 중심의 아주 좁은 공간에 별들을 꼼짝 못 하게 짓누르는 '상상을 초월하는 엄청난 질량'이 압축되어 있다는 뜻이었다.

수십 년간 끈질기게 별들의 궤적을 쫓으며 수학적으로 계산해 낸 그 보이지 않는 괴물의 질량은, 놀랍게도 태양 수백만 개를 뭉쳐 놓은 무게였다. 태양 400만 개의 무게가 눈에 보이지도 않는 좁은 점 하나에 짓눌려 있는 절대적인 파괴의 공간. 그 정체는 바로 '초대질량 블랙홀Supermassive Black Hole'이었다.

우리는 이 거대한 어둠의 심장에게 '궁수자리 A*Sagittarius A*'라는 이름을 붙여 주었다. 블랙홀은 빛조차 빠져나올 수 없을 만큼 공간을 극단적으로 찢어놓는 우주의 진공청소기다. 궁

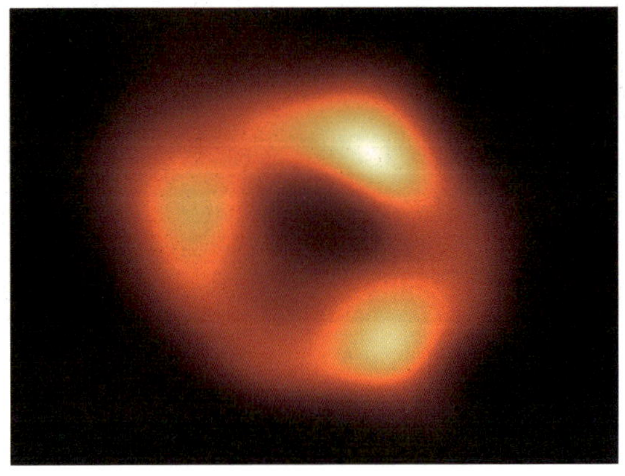

우리 은하 중심의 초대질량 블랙홀
'궁수자리 A*(Sagittarius A*)'의 최초 실측 이미지.
출처: EHT Collaboration/ESO

수자리 A* 주변의 시공간은 무섭게 일그러져 있으며, 그 극단적인 중력의 구덩이 때문에 주변 별들은 죽음의 무도회를 벌이듯 미친 속도로 회전하고 있다.

오해하지 말아야 할 것은, 이 블랙홀이 10만 광년에 달하는 거대한 은하 전체를 통치하는 독재자는 아니라는 점이다. 은하를 묶어두는 전체 중력의 99%는 수천억 개의 별들과 보이지 않는 암흑물질이 나누어 짊어지고 있다. 블랙홀은 은하 전체 질량의 아주 미미한 파편에 불과하다. 하지만 이 초대질량 블랙홀은 은하가 형성되던 초기부터 은하와 함께 숨 쉬며 성장해 온 은하의 영혼이자 씨앗이다. 블랙홀이 은하를 빚어낸 것인지, 은하가 블랙홀을 품은 것인지는 아직 알 수 없지만, 우주의 거의 모든 거대한 은하의 심장에는 이렇듯 기괴하고 웅장한 블랙홀이 묵묵히 박동하고 있다.

자, 이제 우리의 시야를 또 한 번 극단으로 찢어 넓혀볼 차례다. 행성, 태양, 은하를 넘어, 수조 개의 은하들이 거품처럼 흩뿌려진 진정한 무한의 바다, 가장 거대한 우주를 향해 나아가 보자. 그곳에서 우주는 과연 어떤 얼굴을 하고 있을까.

# 은하는 어떻게
# 만들어지고 변할까?

•

## 은하는 어떻게 태어났을까?

우리가 올려다보는 밤하늘은 처음부터 지금처럼 눈부신 은하들로 가득 찬 화려한 무대가 아니었다. 시간의 화살을 거꾸로 돌려 아주 먼 태고의 우주로 돌아가면, 우주는 그저 빛과 물질이 밋밋하게 흩어져 있는 지루하고 텅 빈 공간에 불과했다. 이렇다 할 거대한 구조도, 반짝이는 별도 없었다.

하지만 우주는 완벽하게 매끄럽지 않았다. 그 적막한 공간 속에 아주 미세하고 불규칙한 주름, 즉 '밀도의 차이'가 숨어 있었다. 어떤 곳은 물질이 아주 조금 더 모여 있었고, 어떤 곳은 아주 조금 더 헐거웠다. 우주의 운명을 가른 것은 바로 이 찰나의 불균형이었다. 중력은 무거운 것을 편애한다. 아주 미세하게라도 물질이 더 모여 있는 곳은 중력이 미세하게 더 강했고,

그 힘은 주변의 가스와 암흑물질을 보이지 않는 손목으로 천천히 끌어당기기 시작했다. 무거워질수록 당기는 힘은 더 세어졌고, 더 많은 물질이 폭포수처럼 흘러들었다. 이것은 폭발처럼 요란하게 일어난 사건이 아니다. 수억 년의 억겁에 걸쳐 아주 조용하고 끈질기게 진행된 중력의 일이었다. 천문학자들은 이렇게 중력의 그물에 걸려 점점 덩치를 키워간 캄캄한 물질의 덩어리를 '원시 구조'라 부른다.

이 캄캄한 덩어리들은 아직 은하라고 부를 수 없었지만, 훗날 거대한 은하로 자라날 위대한 '씨앗'이었다. 이 씨앗 안으로 우주의 가스들이 무자비하게 쏟아져 내리며 끔찍한 압축이 시작되었다. 짓눌린 가스 덩어리의 중심에서 온도와 압력이 임계점을 돌파하는 순간, 캄캄했던 우주에 처음으로 핵융합의 불꽃이

은하가 자라나기 시작한 초기 우주의 원시 구조를 표현한 이미지.
출처: NASA, ESA, CSA, Joseph Olmsted(STScI)

터져 올랐다. 우주 역사상 첫 번째 별, '1세대 별'의 탄생이었다.

이 태고의 별들은 지금 우리가 아는 얌전한 태양과는 성질이 전혀 달랐다. 덩치가 기괴할 정도로 컸고, 상상을 초월할 만큼 뜨겁게 타올랐다. 그들은 엄청난 식탐으로 자신의 연료를 순식간에 탕진해 버리고는, 우주의 시간으론 눈 깜짝할 새에 거대한 초신성 폭발을 일으키며 장렬하게 짧은 생을 마감했다. 하지만 그들의 죽음은 끝이 아니었다. 별이 터져나가는 마지막 비명 속에서, 우주에는 처음으로 탄소, 산소, 철 같은 무거운 원소들이 흩뿌려졌다. 1세대 별들의 희생적인 죽음이 남긴 이 잿더미들 덕분에, 다음 세대의 별들은 비로소 바위 행성을 거느릴 수 있게 되었고 물과 생명을 잉태할 밑거름을 얻게 된 것이다.

최초의 별들이 켜지기 전까지 우주는 별빛 하나 없는 완벽한 어둠, 이른바 '암흑시대'였다. 하지만 곳곳에서 1세대 별들이 산발적으로 불을 밝히며 우주는 서서히 찬란한 아침을 맞이했다. 그리고 중력은 이 흩어진 별들을 가만히 두지 않았다. 가까이 태어난 별들은 서로의 중력에 이끌려 무리를 지었고, 그 무리들이 다시 암흑물질의 거대한 요람 안으로 굴러떨어지며 마침내 하나의 거대한 집단으로 굳어졌다. 이것이 바로 별들이 중력으로 엮어낸 거대한 빛의 도시, '은하Galaxy'의 탄생이다.

태초의 은하는 우리가 아는 우아한 나선 모양이 아니었다. 작고 볼품없으며 형태마저 찌그러진 불규칙한 얼룩에 불과했다. 그들은 우주의 깊은 시간 속에서 서로 끌어당기고, 무자비하게 충돌하고, 살점을 섞어가며 점점 더 거대한 덩치로 성장해왔다. 우리 은하 역시 수십억 년 동안 수많은 작은 은하들을 집어삼키며 지금의 거대한 덩치를 완성한 셈이다.

은하는 태초의 어느 날 뚝딱 만들어진 정물화가 아니다. 지금 이 순간에도 어딘가에서는 가스가 뭉쳐 새로운 은하가 산고를 겪고 있으며, 어딘가에서는 늙은 은하가 충돌 속에 산산조각 나며 형태를 잃고 있다. 우주에서 은하는 멈춰 있는 건물이 아니라, 장구한 시간 속에서 숨 쉬고 자라나는 '거대한 생명체'다.

## 은하의 종류:
## 나선·타원·불규칙

망원경으로 우주의 깊은 바다를 들여다보면, 은하들은 저마다 각기 다른 모양의 드레스를 입고 춤을 추고 있다. 이 다양한 형태는 단순한 변덕이 아니라, 그 은하가 우주에서 어떤 고단한 생애를 겪어왔는지를 보여주는 흉터다.

천문학자들은 은하의 모양을 크게 세 가지, '나선은하', '타원은하', '불규칙 은하'로 나눈다.

우리의 집인 우리 은하와 안드로메다 은하가 속한 '나선은하Spiral Galaxy'는 가장 역동적이고 화려한 자태를 뽐낸다. 눈부시게 밝은 중심부를 휘감으며 소용돌이치는 우아한 나선팔을 가지고 있다. 이 나선팔은 그저 예쁜 장식이 아니다. 가스와 먼지가 빽빽하게 뭉쳐 있어 지금 이 순간에도 푸르고 젊은 별들이 미친 듯이 태어나고 있는, 은하의 활기찬 '산부인과'다. 반면

은하의 세 가지 기본 형태를 일러스트와 실제 관측 사진으로 비교한 그림.
출처: NASA Science/A. Feild(STScI)

중심부에는 붉고 늙은 별들이 옹기종기 모여 여생을 보낸다. 나선은하는 탄생의 열기와 늙어감의 평온이 공존하는 가장 역동적인 도시다.

반면 '타원은하Elliptical Galaxy'는 화려함을 걷어낸 아주 묵직하고 고요한 세계다. 공처럼 둥글거나 럭비공처럼 길쭉한 형태를 띠며, 나선팔 같은 복잡한 구조나 화려한 무늬가 전혀 없다. 이 단순하고 매끄러운 겉모습은 늙고 지친 은하의 얼굴이다. 타원은하에는 새로운 별을 빚어낼 가스와 먼지가 이미 텅 비어 버렸다. 그래서 더 이상 젊은 별은 태어나지 못하고, 아주 오래전에 태어난 늙고 붉은 별들만이 고요한 수도원처럼 은은한 빛을 낼 뿐이다. 이들은 대개 거대한 은하들이 정면으로 충돌하고 융합하는 끔찍한 우주 교통사고의 결과물이다. 충돌의 충격으로 나선은하가 잃어버린 질서와 가스가 다 흩어지고 난 뒤, 마지막으로 남겨진 거대하고 둥근 흉터. 그것이 타원은하다. 실제로 우주에서 가장 크고 무거운 괴물 같은 은하들은 대부분 이 타원은하의 모습을 띠고 있다.

세 번째는 '불규칙 은하Irregular Galaxy'다. 이름 그대로 어떤 기하학적인 규칙도 없이 제멋대로 찌그러지고 찢겨 나간 형태다. 덩치가 작고 중력이 약해, 이웃한 거대한 은하가 뿜어내는 중력의 횡포에 속수무책으로 휘둘려 뼈대가 으스러진 불쌍한 천체들이다. 하지만 그 찢겨진 상처 틈새로 가스가 강하게 요동치면서, 역설적으로 그 어떤 은하보다 폭발적으로 젊은 별들을 낳고 있는 활기찬 곳이기도 하다. 불규칙 은하의 어수선한 모습은 어쩌면 은하가 아직 꼴을 갖추지 못했던 태초의 원시적인 얼굴을 보여주는 화석일지도 모른다.

여기서 우리가 잊지 말아야 할 가장 중요한 진실이 있다. 이 세 가지 분류는 은하의 영원한 구분이 아니라는 점이다. 어린 불규칙 은하가 주변의 가스를 먹고 자라 우아한 나선은하로 피어날 수 있고, 눈부신 두 나선은하가 충돌하여 늙고 거대한 타원은하로 생을 마감할 수도 있다. 우주에서 은하의 형태는 고정된 '종Species'이 아니라, 시간의 강물을 따라 흘러가는 일종의 '삶의 단계'다. 은하의 모양을 본다는 것은, 그 은하가 우주에서 살아온 파란만장한 일대기를 읽어내는 일이다.

# 은하의 충돌은 흔한 사건이다

'충돌'이라는 단어는 흔히 파괴, 굉음, 그리고 산산이 부서지는 폭발의 이미지를 연상시킨다. 하지만 10만 광년의 크기를 가진 거대한 은하들의 충돌은, 우리가 도로에서 겪는 끔찍한 교통사고와는 그 결이 완전히 다르다.

우주는 인간의 상상을 비웃을 만큼 끔찍하게 텅 빈 공간이다. 은하라는 숲 속에서 별과 별 사이의 거리는 축구공 두 개를 지구 이쪽 끝과 저쪽 끝에 놓아둔 것만큼이나 멀다. 그래서 두 은하가 정면으로 쾅 하고 부딪힌다 해도, 실제로 별과 별이 직접 박치기를 하며 깨질 확률은 사실상 0에 가깝다. 그렇다면 은

중력 상호작용으로 형태가 뒤틀리고 있는 두 나선은하의 모습.
'아프Arp 273'으로 불리는 은하 쌍을
제임스 웹 우주망원경이 적외선으로 관측한 것.
출처: NASA/ESA/CSA/STScI

하의 충돌은 그저 허무한 유령들의 스쳐 지나감일까? 결코 그렇지 않다. 은하 충돌의 진짜 무서운 주인공은 덩어리진 별이 아니라, 보이지 않는 거대한 '중력'의 얽힘이기 때문이다.

두 은하가 서서히 거리를 좁히면, 수천억 개의 별을 묶어두고 있던 중력의 뼈대가 비명을 지르며 뒤틀리기 시작한다. 별들의 얌전했던 궤도는 엉망으로 헝클어지고, 은하를 채우고 있던 가스와 먼지구름은 맹렬한 파도처럼 요동친다. 이 웅장한 충돌은 영화 속 한 장면처럼 순식간에 끝나는 이벤트가 아니다. 수천만 년, 길게는 수억 년에 걸쳐 두 은하가 끈적하게 얽히고설키며 서로를 천천히 파괴하고 융합하는 아주 길고 우아한 왈

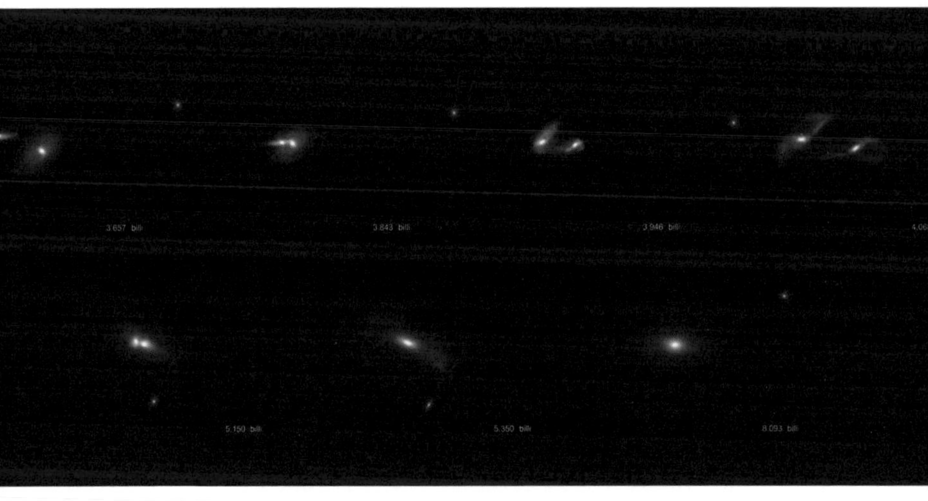

두 은하가 오랜 시간에 걸쳐 서로 접근하고 충돌한 뒤,
하나의 거대한 타원은하로 병합되는 과정을
컴퓨터 시뮬레이션으로 나타낸 이미지.
출처: NASA/GSFC/Frank Summers (STScI) et al.

츠다.

이 무자비한 중력의 왈츠 속에서 가장 극적인 변화를 겪는 것은 가스 구름이다. 두 은하의 가스구름이 정면으로 부딪히며 엄청난 압력으로 뭉쳐지고, 그 짓눌린 가스 속에서 수억 개의 젊고 푸른 별들이 일제히 태어나는 폭발적인 산고를 겪게 된다(폭발적 항성 생성, Starburst). 은하가 충돌하는 순간은 그 어느 때보다 눈부시게 밝고 화려하다. 마치 죽음을 직감한 은하가 마지막으로 자신의 모든 에너지를 태워 올리는 화려한 불꽃놀이와 같다.

하지만 이 화려함의 대가는 가혹하다. 별을 만들 재료를 한꺼번에 탕진해 버린 은하는 급격히 식어가며 창백하게 늙어버린다. 수억 년의 왈츠가 끝나고 먼지가 가라앉고 나면, 두 개의 우아했던 나선은하는 흔적도 없이 사라지고 붉고 늙은 별들만 남은 둥글고 뚱뚱한 하나의 '타원은하'가 덩그러니 남겨진다. 은하의 충돌은 단순한 파괴가 아니다. 옛 질서를 찢어내고 새로운 질서를 빚어내는, 우주에서 가장 파괴적이고도 창조적인 재건축이다.

우리가 망원경으로 바라보는 밤하늘의 고요한 은하들은, 사실 이 끔찍한 충돌과 합병을 수없이 겪어내고 살아남은 괴물들이다. 우리 은하 역시 오랜 세월 수많은 이웃 은하의 살점을 뜯어 먹으며 지금의 거대한 나선팔을 완성했다. 겉보기엔 멈춰 있는 듯 고요해 보이지만, 우주의 역사는 잔인할 만큼 격렬했다. 이 끝없는 충돌의 왈츠가 없었다면, 오늘날 밤하늘을 수놓은 저 다양하고 아름다운 은하들의 풍경은 결코 존재하지 않았을 것이다.

그렇다면 등골이 서늘해지는 질문이 하나 남는다. 이 우주적인 교통사고의 운명은 우리에게도 예외 없이 찾아올까? 우리 은하 역시 다른 은하를 마주하게 될 날이 오고야 마는 걸까?

## 안드로메다 은하와 우리 은하의 미래

우리 은하는 이 적막한 우주에서 결코 혼자가 아니다. 우주의 거리를 좁혀 국부은하군이라는 우리 동네를 살펴보면, 우리 은하보다 덩치가 크고 별도 두 배나 많은 거대한 나선은하 하나가 이웃해 있다. 바로 우주의 가을 밤하늘을 수놓는 아스라한

**안드로메다 은하(M31)**
출처: NASA/GSFC, NASA Scientific Visualization Studio (SVS)

우리 은하와 안드로메다 은하가 거대한 타원은하로 병합되는 과정을
지구에서 밤하늘을 바라본 시점에서 단계별로 재구성한 일러스트.
출처: NASA, ESA, Z. Levay and R. van der Marel (STScI), T. Hallas, A. Mellinger
Scientific Visualization Studio/Hubble Space Telescope (STScI-PRC12-20b)

빛, '안드로메다 은하(Andromeda Galaxy, M31)'다.

그런데 이 거대한 이웃은 지금 우리의 평화를 심각하게 위협하고 있다. 안드로메다 은하는 현재 1초에 110km라는 무시무시한 속도로 우리 은하를 향해 똑바로 돌진해 오고 있다. 눈에 보이지 않는 거대한 중력의 밧줄에 두 은하가 단단히 묶여, 서로를 향해 죽음의 다이빙을 하고 있는 것이다. 천문학자들의 계산에 따르면, 지금으로부터 약 40억 년 후, 이 두 거대한 은하는 높은 확률로 충돌하게 된다.

그날이 오면 지구의 밤하늘은 지금껏 본 적 없는 압도적인 스펙터클로 뒤덮일 것이다. 하늘 한구석에 조그맣게 보이던 안드로메다 은하가 점점 거대하게 부풀어 올라 밤하늘의 절반을 덮어버리고, 이윽고 두 은하의 중력이 뒤엉키며 수천억 개의 별들이 쏟아지는 빛의 소나기처럼 하늘을 가로지르며 궤도를 이탈할 것이다. 우아했던 나선팔들은 중력에 쥐어뜯겨 길게 늘어지고 형체를 잃어버린다.

이 끔찍한 우주 전쟁 속에서 우리의 지구는 무사할 수 있을까? 역설적이게도 태양계가 다른 별과 정면충돌하여 박살 날 확률은 거의 없다. 은하가 아무리 거대해도 그 속은 텅 비어 있기 때문이다. 지구의 하늘은 미친 듯이 소용돌이치겠지만, 지구 자체는 그 거대한 회오리 속에서 털끝 하나 다치지 않고 안전하게 우주 공간을 미끄러져 갈 확률이 높다.

수십억 년에 걸친 이 기나긴 충돌의 왈츠가 끝나고 나면, 두 은하의 찬란했던 나선팔은 모두 녹아내려 뭉개지고 거대하고, 둥근 하나의 타원은하로 영원히 합쳐지게 된다. 천문학자들은 아직 태어나지도 않은 이 미래의 거대 은하에게, 우리 은하Milky Way와 안드로메다Andromeda의 이름을 섞어 '밀코메다Milkomeda'라는 쓸쓸하고도 장엄한 이름을 미리 지어두었다.

하지만 이 웅장한 밀코메다의 밤하늘을 올려다볼 인류는 아마 존재하지 않을 것이다. 두 은하가 부둥켜안기 훨씬 전, 이미 우리의 태양이 노년에 접어들며 숨을 헐떡이기 시작할 것이기 때문이다. 안드로메다가 다가오기도 전인 약 10억 년 후면, 태양은 서서히 뜨거워지며 지구의 모든 바다를 펄펄 끓여 우주로 증발시켜 버릴 것이다. 수십억 년 후 은하가 충돌하는 그 장엄한 밤하늘 아래, 지구는 이미 대기를 잃고 까맣게 타버린 숯덩어리가 되어 생명 없는 죽음의 행성으로 버려져 있을 것이다. 안드로메다와의 충돌은 지구의 종말을 재촉하는 사건이 아니다. 두 은하의 위대한 합병이 일어날 무렵, 지구와 태양의 이야기는 이미 슬픈 에필로그를 쓴 지 오래일 것이기 때문이다.

이 거대한 은하의 충돌 시나리오가 우리에게 주는 진짜 메시지는 무엇일까. 우주에서 영원한 것은 없으며, 충돌과 파괴는 우주가 낡은 껍질을 벗고 새로운 질서를 만들어가는 가장 흔하고 일상적인 호흡이라는 사실이다. 큰 은하는 작은 은하를 먹고 자라며, 우리는 그 파괴적인 식사 시간의 중간 즈음, 아주 찰나의 평화로운 휴식기를 만끽하고 있는 운 좋은 세입자일 뿐이다. 은하는 태어나고, 춤추고, 부서지고, 다시 하나로 합쳐지며 우주의 맥박을 뛰게 하는 거대한 생명체다.

자, 이제 은하라는 웅장한 도시를 넘어서, 시선을 우주 그 자체의 가장 아득한 기원을 향해 던져볼 차례다. 과연 이 모든 빛과 어둠, 행성과 은하들은 태초의 그 순간, 어떻게 하나의 점에서 시작되었을까. 다음 장에서 그 궁극의 이야기가 시작된다.

우주는 도대체 언제부터 존재했을까? 별과 은하가 태어나기 전, 심지어 '공간'과 '시간'이라는 무대조차 없었던 그 태초의 순간은 과연 어떤 얼굴을 하고 있었을까? 현대 과학은 이 아득한 질문에 대해 단 하나의 단어로 조심스럽게 답을 건넨다.

'빅뱅Big Bang'

하지만 기억해야 한다. 이것은 우리가 흔히 머릿속으로 떠올리는 시끄러운 '폭발'과는 전혀 다른, 훨씬 더 기괴하고 아름다운 창세기의 이야기다.

우주의
처음과 끝

5

# 우주의 시작:
## 빅뱅의 진짜 의미

●

## 빅뱅은 폭발이 아니다

'빅뱅'이라는 단어를 들으면, 우리는 무의식적으로 캄캄한 어둠 속 어느 한 점에서 굉음과 함께 거대한 불꽃이 튀어 오르고 파편이 사방으로 흩어지는 역동적인 화약 폭발의 장면을 상상한다. 하지만 이것은 빅뱅을 향한 인류의 가장 오래되고 납작한 오해다. 빅뱅은 이미 존재하는 빈 공간 속에서 무언가가 터져 나간 사건이 아니다. '공간 그 자체'가 비로소 태어난 사건이다.

우주가 생기기 전에는 별을 담을 허공도, 폭발이 일어날 무대도 없었다. 빅뱅의 순간, 아주 작고 뜨거운 한 점이 팽창하면서 비로소 '공간'이라는 캔버스가 펼쳐졌고 '시간'이라는 시계가 째깍거리며 흐르기 시작했다. 그러므로 "빅뱅은 우주의 어디에서 일어났을까?"라는 질문은 애초에 성립할 수 없다. '어디'라거

**빅뱅 직후 탄생한 우주가 급격히 팽창하며
구조를 형성해 가는 과정을 표현한 상상도.**
출처: NASA's Goddard Space Flight Center/CI Lab



나 '그 이전'이라는 개념 자체가 빅뱅과 함께 창조되었기 때문이다. 빅뱅은 특정한 중심에서 일어난 폭발이 아니라, 모든 곳에서 동시에 시작된 공간의 탄생이다.

이 기묘한 탄생을 이해하기 위해 작은 풍선 하나를 상상해 보자. 바람이 빠진 쭈글쭈글한 풍선 표면에 매직펜으로 점들을 여러 개 찍어둔다. 그리고 풍선에 숨을 불어넣어 팽창시키면, 표면이 부풀어 오르면서 모든 점들이 서로서로 멀어진다. 이때 어떤 점도 "내가 팽창의 중심이다!"라고 외칠 수 없다. 점들이 움직인 것이 아니라, 점들이 붙어 있는 '풍선의 껍질(공간)' 자체가 늘어났기 때문이다. 우주의 팽창도 이와 완벽하게 같다. 별과 은하가 공간 속을 달려 나가는 것이 아니라, 그들을 품고 있는 우주 공간 자체가 고무줄처럼 늘어나고 있는 것이다.

우리는 우주의 중심에서 밀려난 변방의 외로운 존재가 아

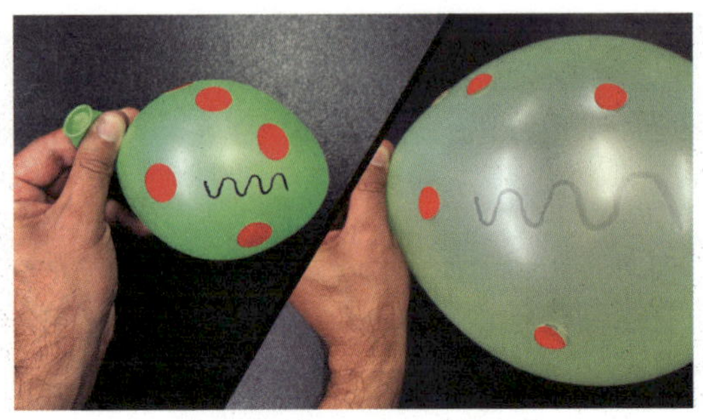

풍선 표면에 붙은 점들은 은하를,
풍선이 부풀어 오르는 과정은 우주의 팽창을 비유적으로 나타낸다.
출처: NASA/JPL-Caltech

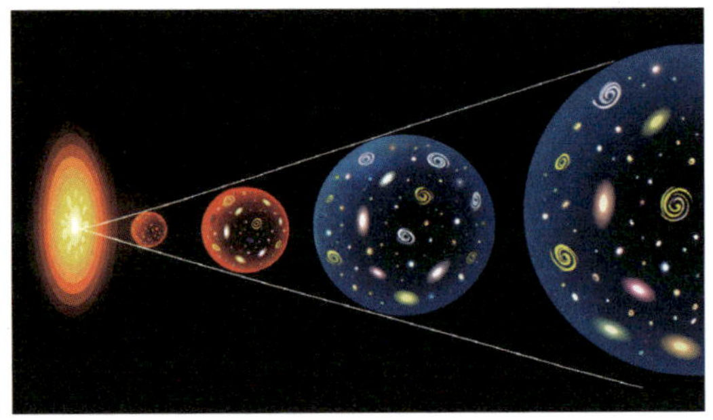

빅뱅 이후 우주가 시간에 따라 팽창하는 과정을 단계적으로 표현한 개념도.

니다. 애초에 이 거대한 풍선에는 중심도, 가장자리도 없다. 우리가 서 있는 이 평범한 지구도, 100억 광년 떨어진 저 아득한 은하도, 모두가 우주 팽창의 중심이자 출발선이다. 빅뱅은 무언가가 터진 파괴적인 사건이라기보다, 이 장엄한 우주라는 게임이 시작될 때 눌린 '최초의 시작 버튼'에 가깝다.

빅뱅 이후 우주는 현재까지의 관측으로 보아 약 138억 년

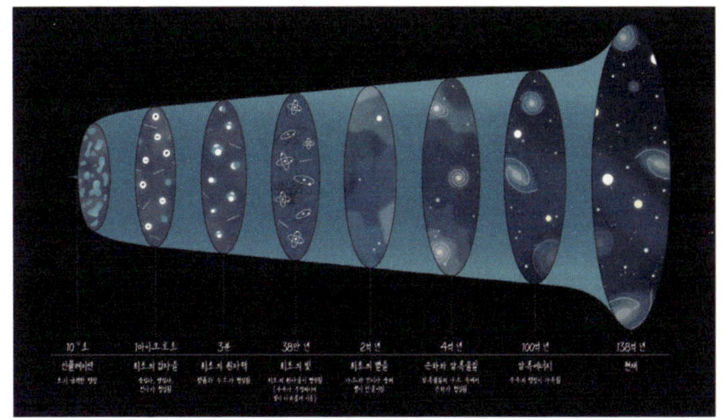


우주의 역사를 시간 순서로 시각화한 개념도.
출처: NASA

동안 변화해 왔다. 처음에는 에너지와 기본 입자만 있었고, 그 다음에 원자가 생겼다. 별과 은하는 한참 뒤에야 등장했다. 빅뱅 직후에 갑자기 생긴 것이 아니다. 그래서 빅뱅은 무언가가 터진 사건이라기보다, 우주가 어떤 상태에서 출발했는지를 설명하는 개념이다. 빅뱅을 말할 때 조심해야 하는 이유가 여기에 있다. 비유는 도움이 되지만, 오해를 낳기도 한다. 빅뱅은 우주가 시작된 방식이지, 폭발 장면이 아니다.

이 사실을 이해하면 다음 궁금증이 자연스럽게 따라온다. 그렇다면 우주는 왜 팽창하기 시작했을까?
다음 페이지로 가보자.

# 우주는 왜 팽창하기 시작했을까?

그렇다면 우주는 왜 얌전히 머물지 못하고 가파르게 팽창하기 시작했을까? 이 거대한 질문 앞에서 현대 과학은 여전히 겸손하지만, 분명하게 합의된 몇 가지 서늘한 진실들이 있다.

빅뱅 직후의 아주 갓 태어난 우주는 상상을 초월할 만큼 뜨겁고, 끔찍하게 짓눌려 있었다. 모든 물질과 에너지가 바늘끝보다 작은 공간에 억지로 구겨져 들어간 상태였다. 이 극단적인 압박은 결코 오래 버틸 수 없는 기형적인 상태였다. 그래서 우주는 태어나자마자 숨을 토해내듯 폭발적으로 크기를 키웠다. 천문학자들은 빛보다 빠른 속도로 공간이 찢어지듯 팽창한 이 찰나의 순간을 '인플레이션(Inflation, 급팽창)'이라 부른다. 눈을 한 번 깜빡이기도 전의 찰나에 우주는 현기증이 날 만큼 거대하게 팽창했고, 그 덕분에 뭉쳐 있던 에너지가 고르게 퍼지며 지금의 비교적 평탄하고 안정적인 우주의 뼈대가 만들어졌다.

인플레이션 이후, 폭주하던 우주의 팽창 속도는 서서히 느려지기 시작했다. 우주가 식어가며 질량을 가진 '물질'들이 탄생했기 때문이다. 물질은 중력을 낳고, 중력은 서로를 끌어당겨 안으로 뭉치려 하는 힘이다. 밖으로 끝없이 뻗어 나가려는 공간의 팽창과, 안으로 서로를 끌어안으려는 중력의 팽팽한 줄다리기가 시작되었다. 그리고 한동안은 중력이 이기는 듯했다. 과학자들은 언젠가 중력이 팽창을 이겨내고, 우주가 다시 하나의 점으로 쪼그라들며 끝이 날 것이라 믿어 의심치 않았다.

하지만 1998년, 관측된 우주의 현실은 인류의 뒤통수를 서늘하게 내리쳤다. 은하들은 서로 멀어지고 있을 뿐만 아니라, 시간이 갈수록 '점점 더 빠르게(가속)' 멀어지고 있었다. 중력의 브레이크가 고장 난 것처럼 팽창이 다시 가속 페달을 밟고 있었던 것이다.

이 기괴한 가속을 설명하기 위해 천문학계가 소환한 유령 같은 개념이 바로 '암흑에너지'다. 중력이 물질을 끌어당기는 힘이라면, 암흑에너지는 공간 자체를 바깥으로 맹렬하게 찢어발기는 미지의 반발력이다. 소름 돋는 사실은 암흑에너지가 별이나 은하에 깃들어 있는 것이 아니라, '텅 빈 공간 그 자체'에 스며들어 있다는 점이다. 우주가 팽창하여 공간이 넓어질수록 물질의 밀도(중력)는 옅어지지만, 공간 자체가 뿜어내는 암흑에너지는 점점 더 많아지고 강력해진다. 결국 우주가 충분히 커진 어느 시점부터 암흑에너지가 중력의 목덜미를 틀어쥐었고, 우주는 통제 불능의 가속 팽창을 시작한 것이다.

우주는 고정된 풍경이 아니다. 지금 이 순간에도 은하와 은하 사이의 심연은 암흑에너지에 의해 맹렬하게 벌어지고 있으며, 우주는 끝을 알 수 없는 고독을 향해 스스로를 가속하고 있다.

## 우주 배경복사가 들려주는 이야기

인간은 138억 년 전의 과거로 돌아갈 수 없지만, 다행히 우주는 자신의 태어남을 증명할 결정적인 화석 하나를 허공에 남겨두

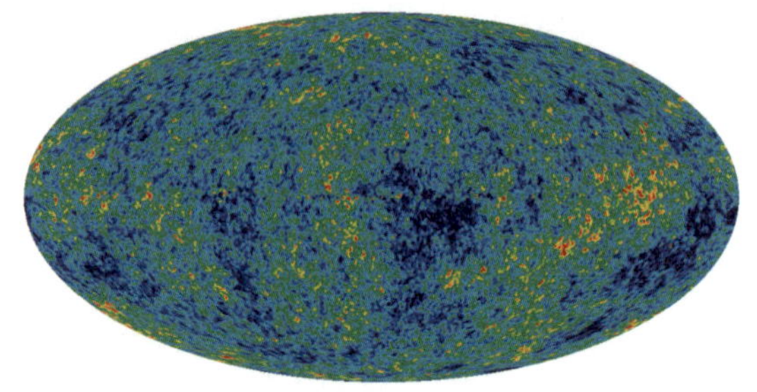

빅뱅 이후 약 38만 년이 지났을 때 우주에 처음으로 퍼져 나온 빛.
우주 마이크로파 배경복사Cosmic Microwave Background를
전 하늘 방향으로 나타낸 지도. 색깔의 미세한 차이는 당시 우주의
아주 작은 온도(밀도) 차이를 의미한다. 이 작은 차이들이 시간이 지나
은하와 은하단으로 성장한 씨앗이 되었다.
출처: NASA/WMAP Science Team

었다. 바로 '우주 배경복사Cosmic Microwave Background, CMB'다.

우주 배경복사는 특정한 별이나 은하에서 뿜어져 나오는 빛이 아니다. 텅 빈 밤하늘의 어느 방향을 바라보아도, 공간 전체에서 아주 미세하고 은은하게 스며 나오는 태고의 빛이다. 마치 촛불을 끄고 난 뒤 방 안에 아스라하게 남아 있는 따뜻한 온기처럼, 우주 전체에 고르게 퍼져 있는 최초의 잔해다.

빅뱅 직후의 우주는 너무 뜨겁고 빽빽하여, 빛조차 한 걸음도 앞으로 나아갈 수 없는 지독한 진흙탕이었다. 빛의 입자들은 쉴 새 없이 날뛰는 전자들에 부딪혀 튕겨 나갔고, 우주는 짙은 안개가 낀 것처럼 캄캄하고 불투명했다. 하지만 빅뱅 이후 약 38만 년이 흐르자, 우주가 팽창하며 온도가 3,000도 아래로 뚝 떨어졌다. 그 순간 기적이 일어났다. 날뛰던 전자들이 원자핵에 포획되어 얌전한 수소 원자가 되자, 짙게 끼어 있던 안개가

거짓말처럼 걷히며 우주가 맑고 투명해진 것이다.

빛은 드디어 장애물을 벗어나 처음으로 우주 공간을 향해 직선으로 내달리기 시작했다. 이것이 바로 갇혀 있던 우주가 터뜨린 '첫 번째 섬광'이다. 그때 풀려난 빛이 138억 년이라는 억겁의 세월을 가로질러 지금 우리 눈에 닿고 있는 것, 그것이 우주 배경복사다. 우리는 망원경을 통해 우주가 처음으로 눈을 뜬 탄생 38만 년 후 아기 우주의 첫 사진을 실시간으로 들여다보고 있는 셈이다.

태초의 이 빛은 가시광선에 가까운 매우 뜨거운 빛이었다. 하지만 우주 공간 자체가 138억 년 동안 고무줄처럼 길게 늘어나면서, 공간을 타고 날아오던 빛의 파장도 속절없이 길게 늘어져 버렸다. 결국 눈에 보이던 빛은 파장이 긴 '마이크로파'라는 차갑고 보이지 않는 유령으로 변해버렸다.

이 미약한 빛의 지도를 자세히 들여다보면, 놀랍게도 완벽하게 매끄럽지 않고 수십만 분의 1도의 아주 미세한 '온도 차이'가 얼룩덜룩하게 남아 있다. 이 미세한 얼룩이 바로 우리의 고향이다. 이 작은 차이 덕분에 물질들이 한곳으로 뭉칠 수 있었고, 오랜 시간이 흘러 은하와 은하단, 그리고 마침내 지구라는 푸른 점으로 자라난 것이다. 우주 배경복사는 단순한 우주의 잡음이 아니다. 138억 년 전 우주가 자신이 어떻게 생겨났는지를 고스란히 적어놓은 가장 완벽하고 숭고한 기록이다.

# 별과 은하는 언제 처음 생겼을까?

최초의 빛이 우주를 한바탕 휩쓸고 지나간 뒤, 우주는 다시 길고 지루한 침묵에 빠져들었다. 아직 빛을 스스로 뿜어낼 별도, 거대한 은하도 존재하지 않던 이 적막한 시기를 천문학자들은 '우주의 암흑시대'라 부른다.

빅뱅 이후 약 1억 년의 세월 동안, 우주에는 수소와 헬륨 가스만이 차가운 안개처럼 유령처럼 떠돌았다. 하지만 앞서 우주 배경복사에서 보았던 그 미세한 밀도의 차이가 천천히 중력의 마법을 부리기 시작했다.

조금 더 짙은 가스 구름이 억겁의 시간 동안 주변의 물질을 끈질기게 끌어당기며 뭉쳐졌다. 좁은 공간에 억지로 짓눌린 가스는 맹렬하게 뜨거워졌고, 마침내 압력을 견디지 못한 중심

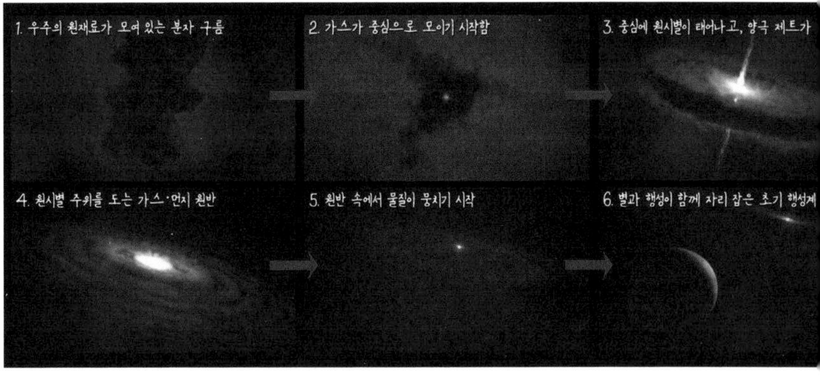


가스 구름에서 시작된 물질이 별과 행성으로 성장하는 과정.
출처: NASA/ESA/CSA/STScI

부에서 끔찍한 핵융합의 불꽃이 터져 올랐다. 길었던 암흑시대를 찢고, 우주에 드디어 최초의 별(1세대 별)이 눈을 뜬 것이다.

이 태고의 1세대 별들은 오늘날의 태양과는 궤를 달리하는 거대한 괴물들이었다. 재료라고는 수소와 헬륨뿐이었기에, 그들은 미친 듯한 속도로 폭식하듯 연료를 태워버렸고, 아주 짧고 폭력적인 생애를 살았다. 그리고 죽음이 찾아온 순간, 그들은 우주 역사상 가장 화려한 초신성 폭발Supernova을 일으키며 자신의 몸을 갈가리 찢어발겼다. 이 장렬한 죽음은 헛되지 않았다. 1세대 별들이 마지막 비명과 함께 토해낸 잿더미 속에는 우주에 단 한 번도 존재한 적 없던 탄소, 산소, 철 같은 무거운 원소들이 섞여 있었다. 별들의 숭고한 죽음이 남긴 이 뼛가루들 덕분에, 비로소 단단한 암석 행성이 빚어지고 생명이 태어날 수 있는 무대가 마련된 것이다.

어둠 속에서 별들이 하나둘 산발적으로 불을 밝히자, 별들은 서로의 중력에 이끌려 무리를 짓기 시작했다. 흩어져 있던 불빛들이 뭉쳐 거대한 빛의 덩어리로 굳어지며, 마침내 '은하'라는 우주의 웅장한 도시가 세워졌다. 물론 태초의 은하들은 우아한 나선팔을 가진 지금의 모습이 아니라, 작고 못생긴 진흙 덩어리에 불과했다. 하지만 이 작은 은하들이 수십억 년 동안 멱살을 잡고 충돌하고 살을 섞는 잔혹한 합병의 과정을 거치며, 오늘날 우리가 밤하늘에서 경외하는 거대하고 아름다운 은하들로 성장해 온 것이다.

# 제임스 웹 우주망원경이 본
# 아주 어린 우주

인류는 오랫동안 우주의 기원을 향해 눈을 흘겼지만, 그 태고의 우주는 짙은 장막 뒤에 숨어 우리에게 쉽게 얼굴을 내어주지 않았다. 우주가 팽창하면서 초기 우주의 빛이 너무나 옅어지고 길게 늘어났기 때문이다. 하지만 인류는 포기하지 않았고, 가장 깊은 심연을 꿰뚫어 볼 '제임스 웹 우주망원경JWST'을 우주로 쏘아 올렸다.

우주 공간에서 관측 임무를 수행 중인
제임스 웹 우주망원경의 모습을 그린 이미지.
출처: NASA/ESA/CSA/STScI

제임스 웹 망원경의 가장 위대한 무기는 인간의 눈에 보이는 가시광선이 아니라, 길게 늘어진 적외선을 읽어내는 능력에 있다.

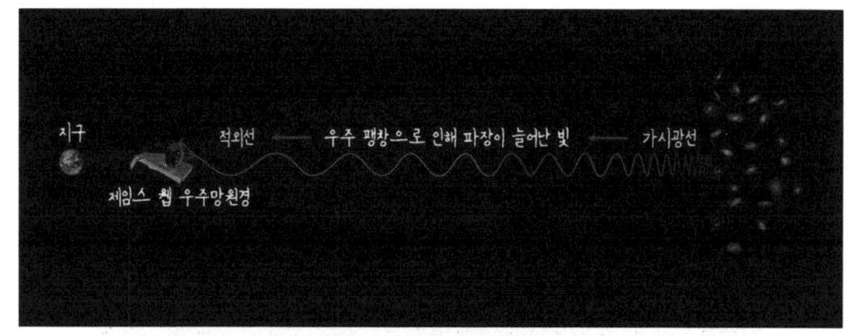



우주 공간에서 관측 임무를 수행 중인
제임스 웹 우주망원경의 모습을 그린 이미지.
출처: NASA/ESA/CSA/STScI

---

130억 년 전, 아주 먼 아기 우주에서 출발한 눈부신 별 빛은 팽창하는 우주 공간을 건너오는 동안 파장이 고무줄처럼 쭈욱 늘어나 버렸다. 지구에 도착할 즈음엔 눈에 보이지 않는 붉고 희미한 적외선으로 늙어버린 것이다. 제임스 웹은 영하 230도의 극저온을 견디며, 이 늙고 희미해진 태고의 적외선 지문을 귀신같이 잡아내도록 설계되었다.

그리고 제임스 웹이 캄캄한 우주 끝자락을 촬영해 지구로 보낸 사진들은, 전 세계 천문학자들을 쾌감과 혼란으로 몰아넣었다.

우주의 달력으로 고작 빅뱅 이후 3억 년밖에 지나지 않은 핏덩이 같은 시기에, 이미 거대하고 뚜렷한 형태를 갖춘 은하(JADES-GS-z14-0 등)들이 떡하니 존재하고 있었던 것이다.

기존의 점잖은 이론들은 별과 은하가 아주 긴 시간에 걸쳐 천천히, 조심스럽게 자라났을 것이라 점쳤다. 하지만 제임스 웹

제임스 웹 우주망원경이 촬영한 초기 우주의 은하 JADES-GS-z14-0.
우주 나이가 약 3억 년에 불과하던 시기에 이미 형성된 은하의 모습.
출처: NASA, ESA, CSA, STScI

우주 탄생 약 3억 년 이내에 존재했던
은하 JADES-GS-z14-0을 표현한 상상도.
출처: NASA, ESA, CSA, STScI

이 목격한 태초의 우주는, 상상을 초월하는 속도로 미친 듯이 별을 찍어내며 이미 웅장한 대도시를 건설하고 있었다. 심지어 그 갓 태어난 은하의 빛을 쪼개어 보니, 이미 수많은 1세대 별들이 태어났다 죽기를 반복해야만 만들어지는 산소와 탄소의 흔적이 농후하게 배어 있었다. 우주는 우리가 짐작했던 것보다 훨씬 더 조급하고 폭력적으로, 그리고 훨씬 더 질서 정연하게 자신을 조직하고 있었던 것이다.

이 발견은 과학의 실패가 아니다. 오히려 우리가 그려온 우주의 일대기를 한층 더 깊고 풍성하게 다시 써 내려갈 위대한 서막이다. 인류는 망원경이라는 이성의 눈을 통해, 완벽한 무작위라 믿었던 우주의 시작점에 어떤 치열한 질서가 숨어 있었는지를 이제 막 더듬어 가기 시작했다.

그렇다면, 이토록 극적이고 치열하게 시작된 우주의 팽창은 과연 어디를 향해 달려가고 있는 걸까? 시작이 있다면 끝도 있는 법. 다음 장에서는 이 거대한 세계가 맞이할, 서늘하고도 웅장한 '우주의 종말'에 대해 이야기해 보자.

# 우주의 미래:
## 끝이 있을까?

●

## 우주는 계속 팽창할까?

이제 우리는 하나의 서늘한 진실을 아주 잘 알고 있다. 우주는 결코 정지해 있는 고요한 무대가 아니다. 바로 이 글을 읽고 있는 지금 이 순간에도, 우주는 미친 듯이 자신의 몸집을 불리며 계속 커지고 있다.

이것은 상상이 아니라 명백히 관측된 현실이다. 멀리 떨어진 은하일수록 우리에게서 더 무서운 속도로 도망치고 있다. 우주가 모든 방향을 향해 끝없이 부풀어 오르고 있다는 뜻이다. 거듭 강조하지만, 이 팽창은 태초의 폭발이 남긴 맹렬한 파편들이 허공으로 날아가고 있는 것이 아니다. 은하들을 품고 있는 '공간Space 그 자체'가 고무줄처럼 늘어나고 있는 것이다. 그렇다면 여기서 아주 무겁고 근원적인 질문 하나가 고개를 든다. "도대체 이 팽창은 언젠가 멈출까?"

과거의 과학자들은 우주가 영원히 커질 수는 없을 것이라 믿었다. 우주에는 물질이 있고, 물질에는 서로를 끌어당기는 '중력'이 존재하기 때문이다. 중력은 흩어지는 것을 붙잡아두려는 다정한 향수의 힘이다. 그래서 과학자들은 우주에 물질이 충분히 많다면, 공간이 팽창하려는 관성을 중력이 서서히 붙잡아 결국 팽창 속도가 점점 느려질 것이라 예상했다. 어쩌면 아주 먼 훗날에는 팽창이 완전히 멈추고, 우주가 다시 하나의 점을 향해 쪼그라들지도 모른다고 생각했다.

하지만 인간의 이성은 우주의 현실 앞에서 무참히 깨졌다. 아주 멀리 떨어진 초신성들의 빛을 정밀하게 분석해 본 결과, 우주의 팽창 속도는 느려지기는커녕 오히려 '점점 더 빨라지고' 있었다. 이 기괴한 관측 결과는 천문학계에 엄청난 충격을 안겼다. 오직 서로를 끌어당기기만 하는 중력의 법칙으로는 이 미친 듯한 가속을 도저히 설명할 길이 없었기 때문이다. 우주가 가속 팽창하려면, 공간을 안으로 뭉치게 하는 중력을 짓누르고 공간을 밖으로 강하게 찢어발기는 미지의 '밀어내는 힘'이 반드시 필요했다. 앞서 잠시 등장했던 그 유령 같은 힘, 바로 '암흑에너지'의 등장이다. 암흑에너지가 정확히 무엇인지 우리는 아직 알지 못한다. 하지만 단 하나 분명한 것은, 이 미지의 에너지가 지금 이 순간에도 우주 공간을 맹렬하게 벌려 놓고 있다는 사실이다.

여기서 오해하지 말아야 할 점이 있다. 암흑에너지가 눈앞의 모든 것을 마구잡이로 찢어발기는 것은 아니다. 지구나 태양계, 혹은 우리 은하처럼 물질이 오밀조밀하게 뭉쳐 있는 작은 동네 안에서는 '중력'의 결속력이 훨씬 더 강하다. 그래서 은하는 암흑에너지의 파도 속에서도 찢기지 않고 무사히 제 모습을 유지한다. 하지만 아주 멀리 떨어진 은하와 은하 사이의 거대한 심연으로 눈을 돌리면 이야기가 달라진다. 그 아득한 거리에서는 중력의 힘이 옅어지고, 반대로 공간 자체가 품고 있는 암흑에너지의 밀어내는 힘이 압승을 거둔다. 그 결과, 멀리 있는 은하들은 서로 등을 돌린 채 영원히 닿을 수 없는 속도로 멀어지고 있다.

지금의 우주는 더 이상 중력이 지배하는 세계가 아니다. 암흑에너지가 우주 전체의 운전대를 쥐고 가속 페달을 밟고 있다. 그래서 과학자들은 우주의 팽창이 앞으로도 영원히 멈추지 않을 것이라 절망적으로 전망한다.

아주 먼 미래, 인류의 후손들이 밤하늘을 올려다본다면 그들은 지금과 전혀 다른 캄캄한 우주를 마주하게 될 것이다. 지금 우리의 망원경 속에는 수조 개의 은하가 눈부시게 빛나고 있지만, 시간이 충분히 흐르고 나면 그 수많은 은하들은 우리 눈에서 영원히 자취를 감출 것이다. 은하들이 우주에서 소멸하는 것이 아니다. 공간이 팽창하는 속도가 빛의 속도마저 추월해버리기 때문이다. 저 멀리 있는 은하에서 출발한 빛이 지구를 향해 필사적으로 달려오더라도, 공간 자체가 더 빨리 늘어나 버리면 그 빛은 영원히 우리에게 도착할 수 없다.

그 결과, 미래의 밤하늘에서는 이웃 은하들의 불빛이 하나둘씩 영원히 꺼져버릴 것이다. 우주는 한없이 거대해지지만, 우리가 볼 수 있는 세계는 오히려 좁아지고 암흑으로 덮인다. 아주, 정말 먼 미래의 우주는 지금보다 훨씬 넓지만, 끔찍하도록 고립되고 비어 있는 칠흑의 바다가 될 것이다. 끝없이 넓어지지만, 끝없이 고독해지는 우주다.

## 암흑에너지는 무엇인가

암흑에너지는 눈에 보이지 않는다. 빛을 뿜어내지도, 별빛을 가로막지도 않는다. 그래서 세상의 그 어떤 거대한 망원경으로도 이 유령의 실체를 직접 볼 수는 없다. 하지만 그 효과만큼은 너무나 파괴적이고 분명하다. 암흑에너지는 우주 전체를 소리 없이 바깥으로 밀어내고 있다.

중요한 점은 이 기괴한 힘이 별이나 은하 같은 '물질' 속에 깃들어 있는 것이 아니라는 사실이다. 암흑에너지는 아무것도 없는 '빈 공간 그 자체'에 짙게 배어 있다. 물질의 밀도는 우주가 팽창할수록 흩어지고 옅어지지만, 암흑에너지는 공간의 속성이기에 공간이 늘어날수록 그 양도 함께 무한히 늘어난다. 공간이 많아지면 밀어내는 힘도 눈덩이처럼 커진다. 그 결과 우주는 커지면 커질수록 더 빨리 커지는 통제 불능의 궤도에 올라탔다. 팽창은 멈추지 않고, 오히려 가속의 광기를 더해가고 있다.

오늘날 우주를 채우고 있는 성분들을 조각 케이크처럼 나누어 보면, 인간의 자만을 부수는 서늘하고도 의외의 결과가

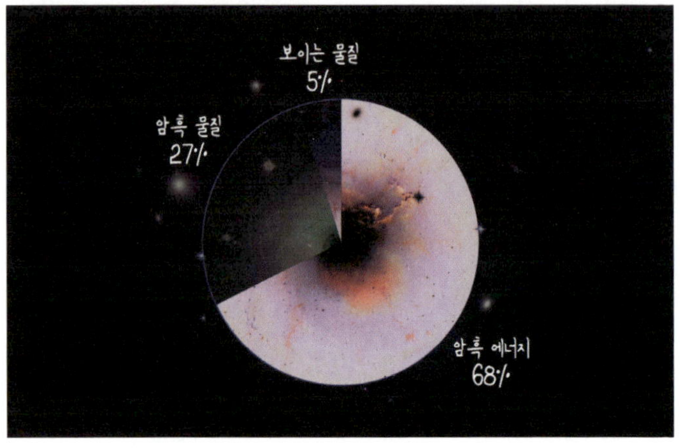


우주의 구성 비율을 시각적으로 나타낸 개념도.
출처: NASA/JPL-Caltech

나온다. 우주에서 가장 거대한 지분을 차지하는 것은 눈부신 별도, 장엄한 은하도 아니다. 바로 암흑에너지다. 무려 우주 전체의 68%를 차지한다. 그리고 나머지 27% 역시 빛과 상호작용하지 않는 미지의 유령, 암흑물질이 차지하고 있다. 우리가 밤하늘에서 경이롭게 바라보는 수조 개의 은하, 펄펄 끓는 태양, 아름다운 행성들, 그리고 우리 인간을 이루는 모든 물질을 남김없이 다 긁어모아도 고작 5%에 불과하다.

우주의 95%는 눈에 보이지도, 손으로 만질 수도 없는 완벽한 미지의 어둠이다. 이 숫자가 우리에게 속삭이는 진실은 명확하다. 우리가 다 안다고 자부했던 눈부신 우주는, 사실 거대한 심연 위에 떠 있는 아주 얇은 5%의 거품에 불과하다는 것이다. 우주는 여전히 인류에게 기꺼이 정체를 내어주지 않은 비밀의 바다다.

그렇다면 우주의 68%를 차지하는 이 암흑에너지의 정체는 도대체 무엇일까? 현대 물리학이 쥐어짜 낸 가장 유력한 가설 중 하나는 이것이 '진공 에너지Vacuum Energy'라는 생각이다. 우리는 흔히 텅 빈 우주 공간을 문자 그대로 '아무것도 없는 무(無)'라고 여긴다. 하지만 양자역학의 기묘한 세계에서는 완벽한 빈 공간이란 존재하지 않는다. 겉보기엔 텅 비어 있는 진공 속에서도, 사실은 아주 미세한 에너지의 파동이 쉴 새 없이 출렁이고 있다. 눈에 보이지 않는 입자와 반입자가 찰나의 순간에 생겨났다 사라지기를 영원히 반복하는, 이른바 '양자 요동'이 끓어오르고 있는 것이다. 빈 공간 자체가 조용히 에너지를 품고 숨을 쉬고 있다면, 이 진공 에너지가 공간 전체에 고르게 퍼져 우주를 밀어내는 거대한 반발력으로 작용할 수 있다.

또 다른 가설은 우리가 맹신해 온 '중력 법칙' 자체에 오류가 있을지도 모른다는 도발적인 생각이다. 지구로 떨어지는 사과나 태양계를 도는 행성들의 움직임은 아인슈타인의 중력 법칙으로 완벽하게 설명된다. 하지만 우주 전체라는, 상상을 초월하는 거대한 스케일로 눈을 넓히면 중력이 우리가 알던 것과는 전혀 다른 방식으로 작동할지도 모른다는 것이다.

지금까지의 관측에 따르면, 암흑에너지는 과거의 우주에서나 지금의 우주에서나 그 밀도가 변하지 않고 한결같이 공간을 찢어내고 있는 것처럼 보인다. 하지만 이 결론 역시 인류가 들여다볼 수 있는 좁은 시간의 창틀 안에서 얻어낸 결과일 뿐이다. 아주 까마득한 과거, 혹은 우리가 닿을 수 없는 영겁의 미래에도 암흑에너지가 지금과 같은 얼굴을 하고 있을지는 그 누구도 확신할 수 없다.

다행스러운 것은 암흑에너지가 당장 지구를 찢어놓거나 우리의 몸을 산산조각 내지는 않는다는 점이다. 그 이유는 단순하다. 집이나 행성, 은하처럼 좁은 규모 안에서는 물질을 단단히 묶어두는 결합력과 중력이 암흑에너지의 반발력을 압도하기 때문이다. 암흑에너지는 은하와 은하 사이, 빛조차 건너기 힘든 아주 거대하고 텅 빈 우주적 스케일에서만 서서히 자신의 파괴적인 본색을 드러낸다. 그래서 우리는 일상 속에서 우주가 찢어지고 있다는 사실을 전혀 느끼지 못하고 평온하게 살아간다.

우리는 암흑에너지의 진짜 이름표를 아직 찾지 못했다. 하지만 우주가 실제로 보이지 않는 힘에 의해 가속 팽창하고 있다는 사실만큼은 부정할 수 없는 현실이 되었다. 그렇다면 공간이 끝없이 찢어지는 이 가혹한 팽창 속에서, 빛을 뿜어내는 별과 은하들은 결국 어떤 운명을 맞이하게 될까?

## 별이 더 이상 태어나지 않는 시대

우주는 영원히 젊고 활기찬 공간이 아니다. 지금 밤하늘을 수놓고 있는 저 찬란한 별의 탄생도, 언젠가는 쓸쓸한 마침표를 찍게 될 운명이다.

별은 아무 곳에서나 마법처럼 뿅 하고 나타나지 않는다. 차갑고 짙게 뭉쳐진 거대한 '가스 구름'이라는 재료가 반드시 필요하며, 중력이 이 가스를 한데 끌어모아 단단히 쥐어짜야만 비로소 별의 심장에 불이 붙는다. 문제는 우주가 계속해서 팽창하고 있다는 사실이다. 공간이 무자비하게 늘어날수록, 별을 빚어낼 재료인 가스 구름들은 서로 모이지 못하고 우주 공간으로 희미하게 흩어져 버린다. 뭉쳐야 살 수 있는데, 공간의 팽창이 모든 것을 뿔뿔이 흩어놓는 것이다.

여기에 비극을 앞당기는 또 하나의 이유가 있다. 이미 태어난 별들은 자신의 삶을 유지하기 위해 주변의 가스를 게걸스럽게 태워 없앤다. 시간이 지날수록 우주라는 거대한 창고에 남아 있는 가스 연료는 바닥을 드러내고 있다. 재료가 고갈되고 흩어지니, 새로운 별이 잉태될 산실은 점점 사라질 수밖에 없다.

실제로 우주의 가장 찬란했던 전성기는 이미 오래전에 지나갔다. 우주 전체에서 별이 가장 폭발적으로 태어났던 시기는 지금으로부터 약 100억 년 전(우주 나이 약 38억 년 즈음)이었다. 그때를 정점으로 별의 탄생 속도는 가파르게 곤두박질치고 있다. 지금 이 순간에도 어딘가에선 아기 별이 태어나고 있지만, 그것은 과거의 화려했던 우주적 축제에 비하면 아주 소박한 불꽃에 불과하다.

아득히 먼 미래가 찾아오면, 우주에는 별을 빚어낼 가스가 한 줌도 남지 않게 된다. 남은 가스마저 너무 멀리 흩어져 중력으로조차 긁어모을 수 없게 되는 날. 그날이 오면 우주에서는 더 이상 단 하나의 새로운 별도 태어나지 않는다. 과학자들은 이 어둡고 쓸쓸한 시기를 '별 형성의 종말End of Star Formation'이라 부른다.

더 이상 새로 켜지는 불빛이 없는 우주는 지독하게 조용해진다. 이미 밤하늘에 떠 있던 늙은 별들은 각자에게 허락된 수명에 맞춰 서서히 생을 마감할 것이다. 질량이 작은 별은 남은 온기를 빼앗기며 아주 오랜 시간에 걸쳐 차갑게 식어갈 것이고, 무거운 별들은 화려하게 폭발하거나 스스로의 무게를 이기지 못해 붕괴할 것이다. 그리고 우주에는 빛나는 별 대신, 죽은 별들의 싸늘한 묘비인 백색왜성, 중성자별, 그리고 빛조차 삼켜버린 캄캄한 블랙홀들만이 유령처럼 남겨질 것이다. 은하의 뼈대는 여전히 남아 있겠지만, 그 안을 채운 빛은 모두 꺼져버린 상태. 우주는 그렇게 불 꺼진 폐허가 되어 천천히, 그리고 영원히 늙어갈 것이다.

여기서 우리가 간과하지 말아야 할 위안이 하나 있다. 이 거대한 죽음은 내일 당장 찾아오는 재난 영화의 멸망이 아니다. 우주의 노화는 수천억 년, 수조 년에 걸쳐 인간의 시간 감각으로는 도저히 가늠할 수조차 없이 아주 천천히 스며드는 슬픔이다. 하지만 우주가 흘러가는 방향만큼은 명백하다. 우주는 아주 조금씩 더 어두워지고, 조금씩 더 차갑게 얼어붙고 있다.

이 서늘한 미래를 짐작하고 나면, 지금 우리가 서 있는 이 시대가 얼마나 기적적이고 특별한 시간인지 뼈저리게 깨닫게 된다. 우리는 별이 끊임없이 태어나고 은하가 찬란하게 빛을 뿜어내는, 우주의 역사상 가장 눈부시고 화려한 '빛의 축제' 기간에 초대받아 존재하고 있는 것이다.

그렇다면, 마지막 남은 별빛마저 모두 꺼져버린 뒤, 이 거대한 우주는 결국 어떤 모습으로 최후의 마침표를 찍게 될까?

## 우주의 가능한 여러 결말

우주는 과연 어떤 종착역을 향해 달려가고 있는 걸까? 모두가 명확한 대답을 미룬 이 궁극의 질문에 대해, 현대 과학은 관측된 현실을 바탕으로 몇 가지 서늘한 시나리오를 조심스럽게 꺼내놓는다.

가장 유력하고도 쓸쓸한 결말은 '빅 프리즈(Big Freeze, 거대한 동결)'다. 지금처럼 암흑에너지가 팽창 속도를 꾸준히 밀어붙인다면, 우주는 영원히 넓어지고 끝없이 차가워질 것이다. 별들은 모두 연료를 다해 꺼져버리고, 은하들은 서로의 빛이 닿지 않을 만큼 아득히 멀어져 완벽하게 고립된다. 마침내 우주에 남은 미열조차 절대영도(0 K, -273.15 ℃)에 가깝게 식어버려, 어떤 물질도 움직이지 않고 어떤 에너지도 흐르지 않는 '열역학적 죽음'을 맞이한다. 이 시나리오는 모든 것이 얼어붙어 정지해 버리는, 가장 고요하고 차가운 결말이다.

또 다른 끔찍한 가능성은 '빅 립(Big Rip, 거대한 찢어짐)'이다. 만약 공간을 밀어내는 암흑에너지의 힘이 시간이 지날수록 괴물처럼 강해진다면, 우주의 팽창은 어느 순간 임계점을 넘고 폭주하게 된다. 그날이 오면 암흑에너지는 은하를 묶어두던 중력을 이기고 은하를 갈기갈기 찢어놓을 것이다. 그다음엔 태양계를 해체하여 행성들을 우주 미아로 날려 보내고, 결국엔 인간의 몸과 단단한 암석, 심지어 원자를 구성하는 핵과 전자마저도 형체 없이 찢어발길 것이다. 공간 자체가 물질의 모든 결합을 뜯어내 버리는, 가장 극단적이고 폭력적인 종말이다. (다만 현재의 관측 데이터는 암흑에너지가 이 정도로 난폭하게 변하지는 않을 것이라 속삭이고 있다.)

세 번째는 노스탤지어에 가까운 결말, '빅 크런치(Big Crunch, 거대한 붕괴)'다. 만약 미래의 어느 순간 팽창의 동력이 힘을 잃고 우주 물질들의 중력이 다시 승리를 거둔다면, 팽창하던 우주는 방향을 확 틀어 무서운 속도로 수축하기 시작할 것이다. 모든 은하와 별들이 다시 서로를 향해 곤두박질치며 우주의 온도는 지옥처럼 치솟고, 마침내 138억 년 전 빅뱅이 시작되었던 최초의 그 '작고 뜨거운 한 점'으로 모든 것이 짓눌리며 붕괴한다. 우주가 자신이 태어난 자궁으로 다시 돌아가는, 이른바 '빅뱅의 역재생'과도 같은 결말이다. 하지만 현재의 가속 팽창 속도를 고려하면, 이 극적인 회귀의 가능성은 점점 희박해지고 있다.

이 밖에도 물리 법칙 자체가 붕괴하며 우주가 전혀 다른 차원의 상태로 넘어가 버린다는 '상전이Phase Transition' 같은 가설들도 존재하지만, 아직은 칠흑 같은 이론의 영역에 머물러 있을 뿐이다.

가장 중요한 진실은 이것이다. 우주의 결말은 아직 확정되지 않았다. 우리는 아직 페이지가 절반도 채워지지 않은 거대한 책의 한가운데를 읽고 있을 뿐이다. 현대 과학이 짚어낸 시나리오는 현재의 빈약한 시력으로 내다본 가장 그럴듯한 그림자일 뿐, 단정 지어진 책이 아니다. 우주는 이미 '가속 팽창'이라는 충격적인 반전으로 인간의 오만한 예상을 한 번 비웃은 적이 있다. 그러니 과학은 이 거대한 우주 앞에서 한없이 겸손해야만 한다. 우주의 끝은 어느 날 뚝 떨어지는 멸망의 한 장면이 아니라, 상상할 수 없을 만큼 기나긴 시간에 걸쳐 유유히 흘러가는 장엄한 변화의 서사시일 것이다. 그리고 우리는 그 영원 같은 흐름 속에서, 아주 찬란하고 찰나적인 한 줄의 문장을 살아가고 있다.

## 우리는 우주의
## 어느 지점에 서 있을까?

우주는 무려 138억 년이라는, 인간의 언어로는 가늠조차 되지 않는 억겁의 시간을 조용히 흘러왔다. 그리고 지금 이 순간에도 빛의 속도로 변해가고 있다. 그 장엄하고 무자비한 우주의 달력 속에서, 인류가 지구라는 무대에 등장해 울고 웃으며 쌓아온 역사는 고작 눈 한 번 깜빡할 찰나에 불과하다. 이 거대한 공간과 시간의 스케일 앞에 서면, 인간이라는 존재는 너무나도 초라하고 미약해져 깊은 허무주의에 빠지기 쉽다. 하지만 우리가 작다는 사실이, 결코 우리가 무의미하다는 뜻은 아니다.

우리는 우주의 아무 때나 무작위로 던져진 존재가 아니다. 별들이 맹렬히 불타오르고 수조 개의 은하가 밤하늘을 보석처럼 수놓으며, 우리가 그 찬란한 아름다움을 직접 두 눈으로 경외할 수 있는 '우주의 가장 완벽한 황금기'에 살고 있다. 과거의 우주는 너무 뜨겁고 혼란스러워 생명이 깃들 틈이 없었고, 미래의 우주는 팽창에 찢겨 너무 차갑고 고독하게 얼어붙을 것이다. 우리는 창조의 질서와 파괴의 혼란이 가장 아름답게 교차하는, 빛과 생명이 허락된 이 좁고 다정한 틈새의 시간을 걷고 있다.

우리는 우주의 중심에 서 있지 않다. 광활한 은하의 캄캄한 변방, 먼지 같은 태양을 도는 창백한 푸른 점 위에 위태롭게 서 있을 뿐이다. 하지만 우리에게는 우주의 그 어떤 거대한 블랙홀이나 불타는 초신성도 가지지 못한 가장 특별한 힘이 있다. 바로 '우주를 바라보고 사유하는 시선'이다.

우주에는 아직 우리가 밝혀내지 못한 신비로운 힘이 있다. 138억 년 전 흩어진 뜨거운 가스와 먼지들이 모이고 깎이며, 마침내 세상을 바라보고 우주의 기원을 묻는 의식을 지닌 존재가 이 작은 지구 위에 빚어졌다는 사실 말이다. 그 기적 같은 존재가 바로 당신과 나, 우리다. 칼 세이건의 말처럼, 우리는 우주가 자신을 알아가기 위해 만들어낸 의식의 발현 그 자체다.

우리는 감히 우주의 물리 법칙을 거스를 수 없는 유한한 육신을 입고 있다. 하지만 동시에 우리는 그 무자비한 법칙을 관찰하고, 거리를 측정하고, 별의 죽음을 애도하며, 우주를 한 편의 서정적인 이야기로 만들어내는 유일한 존재이기도 하다. 저 차갑게 팽창하는 우주의 크기에 비하면 지구 위에서 벌어지는 우리의 삶은 먼지보다 미세해 보일지도 모른다. 하지만 그 작은 먼지 위에서 우리는 누군가를 열렬히 사랑하고, 고뇌의 밤을 지새우며, 선택에 책임을 지고, 잊혀지지 않을 추억을 새긴다. 이 모든 삶의 궤적은 우주 전체의 무게로 달아보면 티끌 같겠지만, 우리 자신에게는 그 무엇과도 바꿀 수 없는 무한한 우주 그 자체다.

우리는 아직 이 거대한 세계의 끝을 모른다. 우주의 막막한 미래를 확신할 수도 없다. 하지만 단 하나 변하지 않는 경이로운 진실이 있다. 지금 이 순간, 당신이 살아 숨 쉬며 고개를 들어 밤하늘의 아득한 별빛을 바라보고 생각에 잠길 수 있다는 그 눈부신 사실이다.

우리는 우주라는 거대한 극장 뒷자리에 앉아 팝콘을 먹는 수동적인 관객이 아니다. 우리는 138억 년의 역사를 품은 우주의 일부이며, 우주가 스스로를 이해하기 위해 피워낸 가장 연약하고도 위대한 꽃이다. 그 사실 하나만으로도, 먼지 같은 우리가 딛고 서 있는 이 자리는 우주에서 가장 특별하고 찬란한 성소(聖所)가 되기에 충분하다.

이것이 길고 길었던 우주여행을 마치며, 이 책이 당신의 마음속에 남기고 싶었던 유일한 진심이다. 우리의 활자로 떠난 우주여행은 여기서 잠시 숨을 고르며 마침표를 찍는다. 하지만 오늘 밤, 당신이 창문을 열고 밤하늘의 묵묵한 별빛과 눈을 맞추는 순간. 당신을 품고 있는 저 거대한 우주의 이야기는, 당신의 깊고 푸른 사유 속에서 영원히 다시 시작될 것이다.

에필로그

# 우주를 안다는 것은
# 무엇을 바꾸는가

우주를 알게 되었다고 해서 우리의 팍팍한 삶이 하루아침에 마법처럼 바뀌지는 않는다. 내일 아침이면 변함없이 알람 소리에 무거운 눈을 떠야 하고, 출근길의 만원 지하철에 몸을 실어야 하며, 통장 잔고와 불투명한 미래를 두고 매일 밤 불안해하고 후회할 것이다.

하지만 이 거대하고 무심한 우주의 섭리를 알고 나면, 세상을 바라보는 우리의 시선은 아주 미세하지만 결정적인 방향으로 틀어진다. 머리 위의 밤하늘은 더 이상 밋밋하고 캄캄한 배경막이 아니다. 그 아득한 어둠 속에는 헤아릴 수 없는 억겁의 시간이 겹겹이 쌓여 있고, 그 어떤 인간의 철학보다 단단한 우주 고유의 질서가 흐르고 있다. 138억 년 동안 단 한 번도 흔들리지 않고 이어져 온 묵직한 법칙이 있다는 사실은, 우리의 세계가 그저 아무렇게나 부유하고 있는 것이 아니라는 묘한 안도감을 준다. 별은 아무런 이유 없이 태어나지 않고, 거대한 은하는 함부로 흩어지지 않는다. 겉보기엔 완벽한 혼돈 같아 보여도, 그 너머에는 보이지 않는 뚜렷하고 우아한 흐름이 있다. 그 웅장한 사실을 깨닫고 나면, 나의 평범하고 반복되는 하루 역시 결코 아무 의미 없이 허공에 던져진 헛된 시간이 아님을 위안받게 된다.

우리는 우주의 잣대로 보면 너무나도 미약한 존재다. 태양을 축구공으로 줄인 세계에서, 우리는 2mm짜리 좁은 참깨 한 알 위를 잠시 스쳐 지나가는 우주적 먼지에 불과할지도 모른다. 하지만 작다고 해서 결코 하찮은 것은 아니다. 우주를 창조한 위대한 힘은 언제나 '가장 작은 것'에서 출발했다. 완벽한 균일함 속에 숨어 있던 아주 미세한 밀도의 차이가 거대한 은하를 빚어냈고, 눈에 보이지 않는 작은 양자 요동이 수천억 개의 별을 태어나게 했다. 가장 위대한 의미는 결코 거대함에서만 시작되지 않는다.

## 작은 존재가 큰 세계를 바라볼 때

우주는 인간의 이성을 짓누를 만큼 잔인하게 거대하다. 그래서 우주의 스케일을 처음 마주한 인간은 필연적으로 깊은 위축과 허무를 경험하게 된다. 빛조차 10만 년을 달려야 하는 은하의 숲, 수조 개의 은하가 흩뿌려진 저 압도적인 심연 속에서 '나'라는 개인은 너무나도 작고 보잘것없어 보인다.

사실이 그렇다. 우리는 우주의 중심에 서 있지도, 어딘가 특별히 선택받은 무대 중앙에 서 있지도 않다. 그럼에도 불구하고 우리는 고개를 들어 저 아득한 심연을 응시할 수 있고, 별의 죽음을 슬퍼할 수 있으며, 내가 어디에서 왔는지를 끊임없이 묻고 의미를 찾으려 애쓰는 존재다. 이 기막힌 사실은 결코 작거나 허무하지 않다.

팽창하는 우주는 입을 열어 스스로를 설명하지 않는다. 하지만 침묵하는 우주를 온 마음을 다해 이해하려는 작은 존재가 이 변방의 푸른 점 위에 피어났다는 사실 하나만으로도, 이 차가운 세계는 전혀 다른 온기와 깊이를 획득하게 된다. 거대한 세계를 마주한다는 것은 스스로를 깎아내려 한없이 작아지는 일이 아니다. 그것은 비로소 '나의 진짜 자리'를 알게 되는 숭고한 과정이다. 대자연과 우주 앞에서 내가 감히 무엇을 바꿀 수 없고, 반대로 나의 삶에서 무엇을 기꺼이 감당해야 하는지를 묵묵히 분별하게 되는 일이다.

그래서 우주의 심연을 제대로 엿본 사람은 세상을 향해 조금 더 다정해지고, 스스로에게 조금 더 겸손해진다. 내 삶이 우주의 중심에서 빗겨나 있다는 사실은, 역설적이게도 내 삶을 아무렇게나 낭비해도 좋다는 핑계가 될 수 없다. 이 웅장하고 거대한 질서의 한구석에 내가 당당히 연결되어 있다는 감각은, 우리의 삶을 깃털처럼 가볍게 흩날려 버리기보다 오히려 닻을 내린 배처럼 묵직하고 단단하게 결속시켜 준다.

# 다시 밤하늘을 올려다보며



이제 활자로 떠난 우리의 긴 우주여행은 이 페이지를 마지막으로 닻을 내린다. 하지만 우주의 진짜 이야기는 결코 끝나지 않는다. 오늘 밤에도 해가 지면, 138억 년을 묵묵히 견뎌온 하늘은 언제나처럼 변함없이 펼쳐질 것이다. 우리가 올려다보지 않아도, 우리가 일상에 치여 우주를 까맣게 잊고 살아가는 순간에도 별들은 그곳에 존재한다.

어릴 적 우리는 반짝이는 별을 보며 동화 같은 소원을 빌곤 했다. 하지만 어른이 되어 우주의 깊이를 알고 난 지금, 우리는 별을 향해 조용한 질문을 던진다. 저 서늘한 빛은 도대체 우주의 어느 깊은 심연에서 출발했을까. 나에게 닿기 위해 얼마나 기나긴 억겁의 세월을 홀로 건너왔을까. 그 수많은 시간과 공간의 엇갈림 속에서, 왜 하필 지금 이 순간 나의 망막에 기적처럼 와닿았을까. 밤하늘의 쏟아지는 별빛을 오래도록 바라보고 있으면 자연스레 입술의 말은 줄어들고 마음의 호흡은 깊어진다. 세상을 향해 나를 설명하고 증명하려는 조급한 마음보다, 우주가 건네는 거대한 침묵의 언어를 가만히 듣고 싶은 마음이 앞서게 된다.

우주는 결코 소리 높여 말하지 않는다. 하지만 그 압도적인 침묵 속에서도 우리에게 가장 뚜렷하고 분명한 진실을 전한다. 얄팍한 우연보다는 묵직한 질서가 영원히 살아남는다는 것, 파괴와 혼란이 몰아치는 순간에도 세상을 지탱하는 본질적인 흐름은 결코 무너지지 않는다는 것을 말이다.

우리는 우주를 창조하지 않았다. 태양이 타오르는 법칙을 정하지도, 은하가 도는 궤도를 설계하지도 않았다. 하지만 우리는 그 거대한 우주의 자비로운 법칙 안에서 숨을 쉬고, 온기를 느끼고, 마침내 서로를 껴안고 사랑할 수 있도록 허락받은 존재들이다. 그 다정한 사실을 온몸으로 깨닫는 순간, 우리를 짓누르던 삶의 무게는 전혀 다른 질감으로 다가온다.

삶의 모든 것을 억지로 움켜쥐려 발버둥 치지 않아도 괜찮다. 거대한 우주 앞에서 내가 얼마나 대단한 사람인지 아등바등 증명하지 않아도 괜찮다. 이미 기적처럼 주어진 이 작고 푸른 자리에서, 오늘 하루를 나의 몫만큼 성실하고 다정하게 살아내는 것. 그것만으로도 우리의 삶은 충분히 훌륭하고 경이롭다는 조용한 확신이 찾아온다.

자, 이제 이 책장을 덮고 창문을 열어 다시 밤하늘을 올려다보자. 어제와 똑같은 하늘이겠지만, 아마도 당신의 눈빛은 예전보다 조금 더 깊어지고 마음은 한결 겸손해져 있을 것이다. 캄캄한 어둠 속에서 아스라히 반짝이는 저 불빛들은 아무 말도 하지 않지만, 당신의 내면을 향해 이미 가장 위대하고 충분한 위로를 건네고 있다.

그 다정한 침묵의 이야기를 들을 준비가 된 바로 이 순간. 당신만의 진짜 우주여행이, 다시 아름답게 시작될 것이다.

# 이토록 시적인 과학,
# 당신을 위한 최소한의 우주

ⓒ 우주플리즈

**초판 1쇄 인쇄** 2026년 3월 25일

**지은이** 우주플리즈
**기획** 조영훈
**편집** 조영훈
**디자인** R DESIGN 이보람
**마케팅** 정호윤, 김민지, 송유경, 김은주, 최서환
**펴낸곳** 모티브
**이메일** motive@billionairecorp.com

ISBN 979-11-24370-14-8 (03440)